전셋집에 삽니다

전셋집에 삽니다

김반장 지음

쓸모에 취향을 더한
노마드 인테리어

BOOKERS

Jacques Chessex
13.2. – 10.5.2003

전세 18년, 다시 시작하는 전셋집 이야기

'전세 17년'이라는 제목으로 이 책의 첫 도입부를 쓴 게 얼마 전인데, 원고의 마무리가 늦어지는 바람에 어느덧 해가 바뀌어 '전세 18년'으로 제목을 바꿔야 했습니다. 나이 든 사람의 뻔한 푸념거리라고 생각해 제가 이 말을 그대로 하게 될지 몰랐는데, 세월이 그렇게도 빠릅니다. 그래서 한 해도 허투루 보낼 수 없다는 마음이었을까요.

2008년에 결혼을 하고 첫 전셋집을 마련한 후 짧게는 2년, 길게는 4년 반 정도의 텀으로 이사를 다니는 동안에 다들 "남의 집이니 대충 살아라~"라고 하는데, 손 놀리기 좋아하고 공간에 대한 관심이 많은 탓에 전셋집을 조금씩 고쳐나갔지요.

그 과정과 이야기를 소개하던 블로그가 관심을 받으면서 '전셋집 인테리어'라는 제목으로 2012년과 2015년 두 권의 책이 세상에 나왔습니다. 정말 많은 분들이 이런 책을 기다려왔다는 것처럼 좋아해주셨고 베스트셀러 작가가 되는 영광을 누리기도 했습니다.

여러 매거진과 일간지에서 《전셋집 인테리어》와 저에 관한 이야기를 다뤄주셨지요. MBC 라디오에도 두 차례 게스트로 나갔으니, 카메라 울렁증이 있어 고사한 TV 방송들(심지어 〈생활의 달인〉 제의까지) 빼고는 거의 모든 매체를 경험했습니다. 아, 사진 위주의 자료화면 편집이었지만 아리랑TV에도 나왔으니 어쨌든 TV도 포함이네요. 심지어 코리아헤럴드에 이어 종교신문까지… '전셋집 인테리어'라는 화두는 조미료를 조금(?) 보태자면 경제와 문화뿐 아니라 국경과 종교, 좌익과 우익도 넘나들었습니다. 유튜브 같은 영상보다는 이미지와 글, 책이 지금보다는 더 주목받던 셀프 인테리어의 본격적인 태동기. 그랬던 시기가 있었습니다.

언젠가 일부러 책 쓰려고 그리도 줄기차게 전셋집으로 이사를 다니냐고 농담 반 의심 반으로 물어본 사람도 있었는데(응? 진심인가욧?!), 전세로 이사를 다니며 책을 쓰는 게 저의 원대한 인생 계획하의 적극적인 선택이었을 리도, 삶의 목적이었을 리도 없습니다. 결혼과 동시에 당연하듯이 시작했던 전세 신혼집에 이어 출산과 육아, 삶의 작은 기회와 위기 속에서 나름대로 현실적인 선택을 몇 차례 반복하다 보니 어느덧 그렇게 전세살이로 18년 동안 다섯 집을 거치게 되었다는 지극히 평범한 과정이었던 것입니다.

누군가에게는 이 정도 이사면 유난스럽다 싶겠지만, 주변을 찬찬히 둘러보노라면 또 그렇게 드물기만 한 케이스는 아니라고 봅니다. 가족 구성원의 변화와 삶의 지향점이 다양해지고, 특히 '집'이 살아가기 위한 장소이면서 동시에 투자의 대상이 된 이 시대에 한곳에 머물지 못하고 자의든 타의든 오랫동안 유목민처럼 떠도는 사람들, 심지어 저처럼 어떻게든 내 집 마련에 성공한 후에도 정착하지 못한 이웃들을 어렵지 않게 볼 수 있으니까요.

《전셋집 인테리어》는 그런 평범한 유목민들의 인테리어에 대한 갈증을 함께 풀어냈던, 혹은 풀어내고자 했던 책이었기에 많은 사람들로부터 관심을 받을 수 있었던 것 같습니다.

그로부터 한참이 지난 지금은 어느덧 전셋집이나 월셋집 등 내 집 아닌 공간에 정성과 비용을 들이는 것에 대한 거부감이 확실히 덜해진 것을 느낍니다. 예전만 해도 전셋집을 꾸며 유명세를 타는 게 신문에 날 정도였는데, 요즘은 '오늘의 집' 같은 어플만 들어가봐도 전세 오피스텔이나 월세 원룸 등 자신만의 공간을 가꾸고 솜씨를 뽐내고 정보를 공유하는 모습을 흔히 볼 수 있습니다. 심지어 자취방 인테리어를 소개하는 유튜브 채널도 쉽게 찾을 수 있으니까요.

저처럼 셀프 인테리어를 사랑하는 많은 사람들의 지속적인 시도와 공유를 통한 인식의 변화에서 그 원인을 찾을 수도 있겠지만, 한편으로는 내 집 마련이 더 어려워진 시대를 살아가는 요즘 세대의 지극히 현실적인 선택일 수도 있겠다는 생각이 듭니다. 몇 년 동안 꾸욱 아끼고 참으면 작게나마 가능했던 내 집 마련의 기회와 희망이 지금은 마치 신기루처럼 되어버렸기에 어쩌면 불확실한 미래보다는 확실한 현실에 더 집중하는 게 아닐까 하고요.

그렇게 주어진 현실을 받아들이는 것이 꼭 안주를 의미하며 미래를 소홀히 한다는 것을 의미하는 건 아니라고 생각합니다. 지금에 충실하면서 내 주변 환경을 가꾸고 한 단계 한 단계 꾸욱꾸욱 족적을 남겨가며 다음 집, 그다음의 집을 준비하는 것. 그것이 처음부터 《전셋집 인테리어》가 이야기해온 것이었지요. 그리고 신혼집부터 18년 동안 다섯 곳의 집을 거쳐 지금에 이르기까지 스스로 실천해오고 있는 것이기도 하고요.

세상은 불공평합니다. 어떤 이는 독립할 때부터, 혹은 신혼 때부터 그럴듯한 새 아파트에, 유명한 인테리어 업체의 도움을 받은 멋진 공간에, SNS에서 유행하는 힙한 가구와 소품을 채우고 시작하는 경우도 있을 것입니다. 그런 분들에게는 이 책이 와닿지 않을 겁니다.

그러나 만약 당신이 여느 평범한 이웃들과 같이 소박한 전셋집 혹은 월셋집에서 시작해 조금씩 가족 구성원의 변화에 따라 거주 공간을 넓혀가며 내가 머무는 장소에 애정을 깃들여 삶을 개선해나가고자 하는 의지가 있다면, 그 긴 과정과 고민을 함께 나눌 동지가 필요하다면, 이 책과 함께하는 것도 괜찮을 거라고 권하고 싶습니다.

누군가의 미래, 또 누군가의 현재, 또는 누군가의 과거일 수도 있는 저의 지난 18년 동안의 어느 한순간이 당신의 옆에서 전기드릴과 붓을 들고 어깨를 나란히 하며 씨익~ 웃고 있을 테니까요.

10년이 넘는 긴 시간 동안 신뢰를 갖고 원고를 기다려주신 이동은 주간님과 박현주 편집자님께 진심으로 감사드리며, 저의 이야기를 다시 시작합니다.

여섯 번째 전셋집에서
김 반 장

CONTENTS

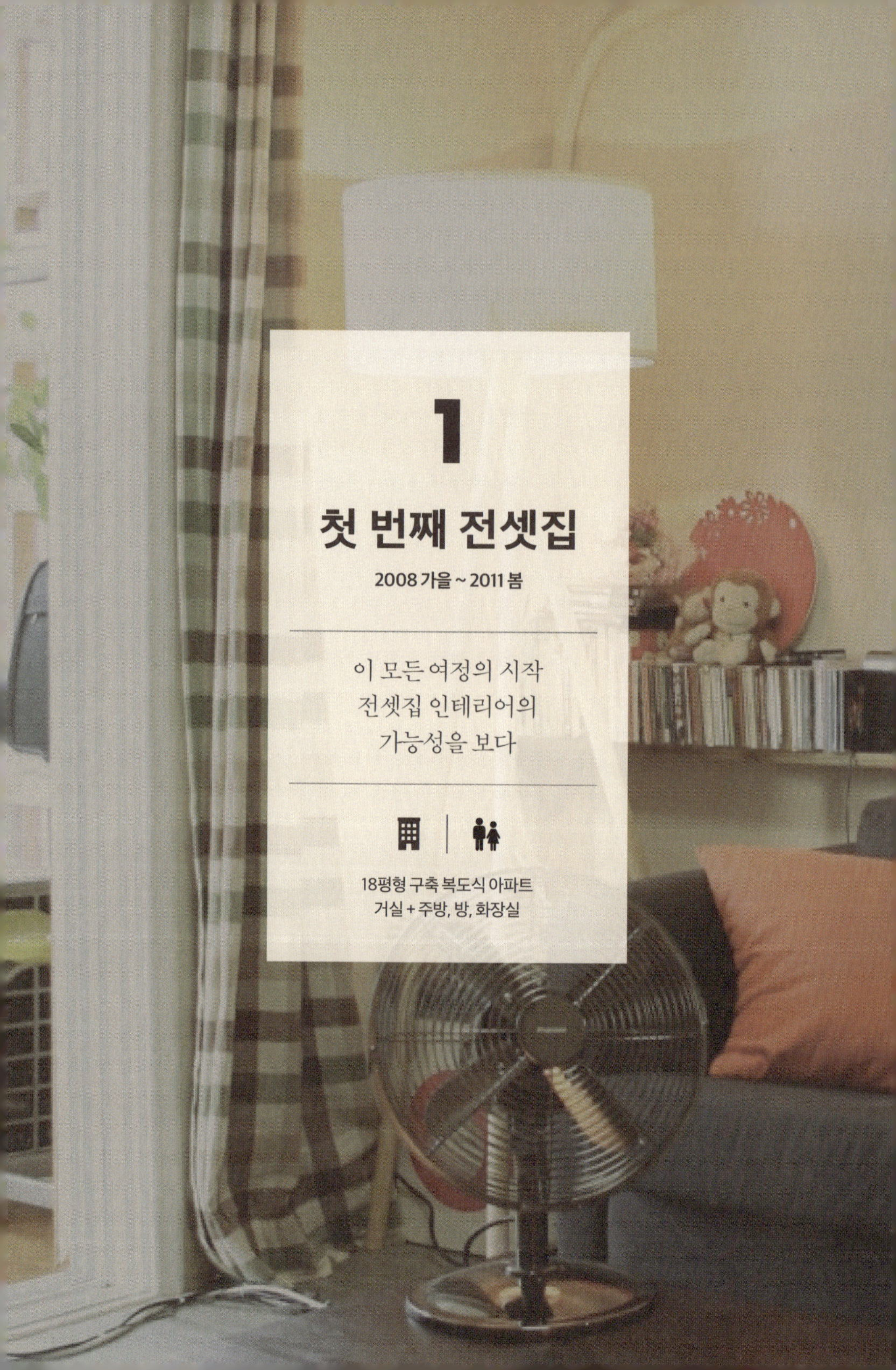
1

첫 번째 전셋집

2008 가을 ~ 2011 봄

이 모든 여정의 시작
전셋집 인테리어의
가능성을 보다

18평형 구축 복도식 아파트
거실 + 주방, 방, 화장실

소꿉장난 같았던 신혼집

직접 만들어본 맞춤형 가구와

간단한 리폼으로

작은 집에 포인트를 주었다

OO1

신혼집의 설렘도 잠시

누구에게나 어떤 일이건 '처음'이라는 건 설렘과 기대를 불러일으키지요. 첫눈, 첫사랑, 첫 키스, 그리고 첫 집. 하지만 결혼 후 살게 될 첫 집, 그 단어만으로도 샤방한 '신혼집'을 구한다는 두근거림에 실망감이 스멀스멀 끼어들게 되기까지는 그리 오래 걸리지 않았습니다.

부모에게 손 안 벌리고 사회생활 몇 년 하다가 결혼을 준비하는 현실의 신혼부부에게 주어진 조건과 제한된 예산으로는 선택지가 많지 않습니다. 작은 아파트, 답답한 빌라, 낡은 주택…

여긴 좀 괜찮은데 싶으면 여지없이 비싸네요.

아니, 내가 집을 사겠다는 것도 아니고 고급 빌라에 세를 들겠다는 것도 아닌데, 도대체 왜 이리 비싼 겁니까. '저 많은 집들 중에 내 집 하나 없구나….' 일일드라마 속 찌질한 남편이 뒷동산에 올라서 푸념할 때나 나올만한 대사가 입에서 툭 하고 튀어나옵니다. 세상은 시작하는 부부에게 녹록지만은 않더군요.

난생 처음 대출이라는 걸 받고 빚과 이자의 축복을 받으며 우여곡절 끝에 겨우 아파트 전세를 구했습니다.

예상대로네요. 좁아요.

그렇군요. 이렇게 시작하는 겁니다. 이렇게 쉽지 않게, 작게. 그래도 어쨌든 '우리'만의 공간이 생겼으니까요. 전세이고 작은 집이라는 건 어쩔 수 없는 현실이었습니다.

하지만 '그 작은 전세 아파트에서 어떻게 살 것인가'는 전적으로 우리들에게 달려 있는 거였지요.

그림을 그려주길 기다리는 하얀 도화지 같은 공간. 이빨 빠진 듯 비어버린 싱크대 하부장의 드럼세탁기가 있던 자리와 색 바랜 타일 위에 모자이크타일 무늬의 시트지가 붙은 조리대 뒷벽을 어떻게 해결해야 할지 숙제였다.

OO2

지어진 지 15년이 넘은, 낡고 작은 아파트. (2008년 기준이니, 이 책을 쓰고 있는 2026년 기준으로는 30년이 넘은 아파트네요) 예산에 맞춘 몇 개의 복도식 작은 아파트들을 둘러보면서 '아… 역시 여기도 아닌가'라는 실망감에 지쳐가던 와중에 마지막으로 한 집만 더 보자고 들어간 곳.

서쪽으로 살짝 치우친 남향인 복도식 15층 아파트의 7층. 현관문을 열고 복도로 나오면 한강이 눈 아래로 시원스레 펼쳐지던 그곳이 저의 첫 번째 전셋집이 되었습니다.

같은 아파트 안에서 본 집들과 다른 점은 주방과 큰방을 깨끗이 터버렸다는 것, 싱크대가 교체되었고 문과 몰딩이 하얗게 칠해져 있었으며 특별한 무늬 없는 미색의 실크 벽지와 회색의 데코타일 바닥으로 기본적인 공간이 정리되어 있다는 점이었습니다. 대충 관리하며 살아온 지저분하고 낡은 집들만 보던 차에 눈이 밝아지는 기분. 전세가가 다른 집보다 당시 기준으로 5백만 원가량 비싸긴 해도 새로이 도배나 장판 등의 비용과 수고를 안 들여도 된다는 걸 생각하면 감수할 수 있는 금액이었습니다. 게다가 작은방에 붙박이장이 설치되어 있어 당장 옷장을 사지 않아도 된다는 것도 좋았습니다.

두 번째 전셋집에도 붙박이장이 있어 살 필요가 없었으니 지금 생각해도 괜찮은 조건이었네요. 무심한 듯 시크하게 공인중개사 앞에서 "이 정도면 괜찮겠네요"라며 크게 티는 내지 않았지만 내심 이 집에 꼭 들어와야겠다는 결심을 하게 되었죠. 마음에 쏙 드는 신혼집을 만난 설렘을 기억합니다.

계약을 하러 다시 방문했을 때 궁금해하시던 어머니와 조카가 함께 온 걸 본 집주인이 그 작은 집에 삼대가 모여 살려는 걸로 오해해 전세를 주네, 못 주네…. 잠시 집 없는 설움을 느꼈던 해프닝도 있었지만 무사히 계약을 마치고 결혼식 날보다 한 달가량 여유 있게 들어갈 수 있게 되었습니다. 결혼 전 집을 직접 꾸밀 수 있는 한 달의 기간. 이 책은 그렇게 시작되었습니다.

복도식 아파트라 현관문을 열고 나오면 양옆의 아파트 사이로 한강이 보였다. 이 뷰가 마음에 들었던 것도 이 집을 선택한 이유 중 하나였는데 겨울엔 강바람이 매섭더라. (누가 그랬는데… 낭만 찾다 얼어 죽는다고)

003

공간 계획하기

첫 전셋집에서의 삶을 상상하며

집을 계약하고 첫 번째 순서는 언제나 실측한 사이즈를 토대로 나만의 배치도를 다시 그려보는 일입니다. 이사 전에 이곳에서의 생활을 상상하며 가구를 배치해보는 작업이지요. 어지간한 아파트는 인터넷에서 배치도를 구할 수 있습니다.

그 위에 덧그려도 좋고 트레이싱지에 덧대거나 모눈종이 등을 이용해 직접 그려봐도 좋고요. 저는 마치 디자이너라도 되는 양 새 종이에 어설프게라도 그려보는 편입니다. 중요한 건 보기 좋게 그리는 것보다 최대한 정확한 실제 치수를 확인하는 것입니다. 특히 작은 집에서는 몇 센티미터 차이로 계획했던 가구나 가전을 놓지 못하는 경우가 있습니다.

요즘은 간단히 어플을 이용해 배치도를 그리거나 가구를 놓아보고 입체적으로 확인해볼 수도 있는데 이 경우에도 가능한 한 정확한 공간의 크기를 알고 있어야 합니다.

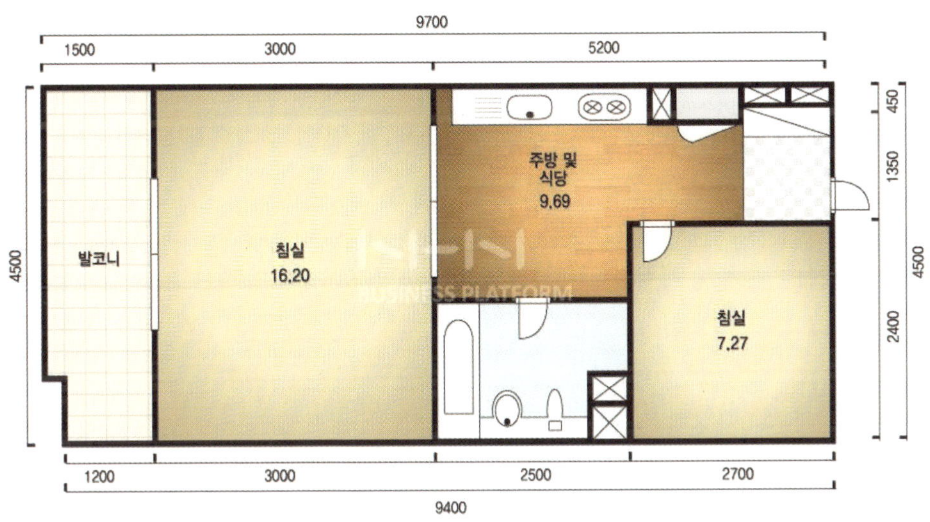

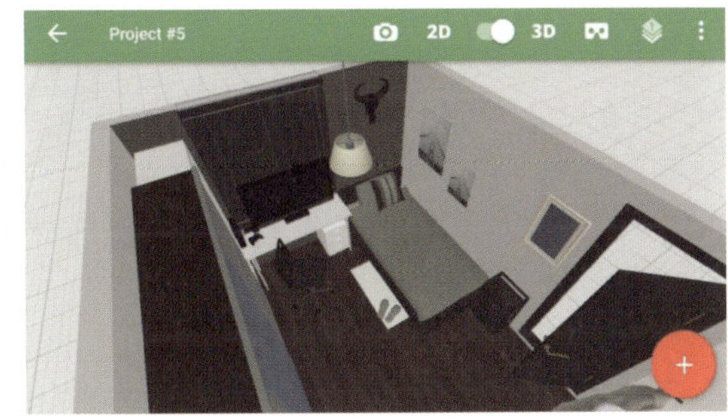

지인의 방 인테리어를 도와줄 때 사용한 '플래너 5D' 어플. 치수를 입력해 3D로
공간을 구성하고 어플 안에 저장된 가구나 조명들의 수치, 색상들을 변경해 배치
해볼 수도 있다.

전형적인 10평형 대의 복도식 아파트

원룸처럼 한 공간 안에서 대부분의 생활이 이루어지겠지만 나름 공간 구분은 필요합니다. 가구의 적절한 배치로 자연스럽게 동선을 정하고 그에 따라 공간이 구분되도록 하는 게 첫 번째 숙제였습니다.

그중 침대를 어디에 두느냐가 가장 중요한 요소였습니다.

이 집은 원래는 큰방과 주방이 미닫이문으로 구분되어 있고 작은방이 하나 더 있는 방2, 주방1, 욕실1의 거실이 없는 구조입니다. 삶의 형태는 다양하기에 이 아담한 집에서도 두 개의 방이 반드시 필요한 경우에는 그대로 두 개의 독립된 방으로 사용하는 경우도 있겠지요. 하지만 보통 큰방은 공용공간과 사적인 공간을 겸하는 경우가 많고, 미닫이문을 닫아놓는 자체로 집이 좁고 답답해 보여 미닫이문을 열어두고 사용하거나 심지어 아예 떼어놓고 사용하는 경우도 많습니다. 이 집처럼 공사를 통해 문틀과 날개벽까지 제거해 주방과 큰방을 한 공간처럼 이어버리는 경우도 많고 심지어 큰방에 딸린 발코니까지 확장해버리는 사례도 종종 볼 수 있습니다.

이 상황에서 침대를 넓게 거실처럼 확장된 큰방에 두느냐 작은방에 두느냐를 결정해야 하는데, 사실 답은 이미 나와 있었습니다. 작은방에는 이미 시뻘건 붙박이장이 턱 하니 자리 잡고 있어서 침대를 놓을 공간이 부족했으니까요. 작은방에 붙박이장이 없었다면 아마 침대를 놓고 온전한 침실로 썼을 겁니다. 때론 움직일 수 없는 붙박이 가구가 전체 공간의 쓰임에 영향을 미칠 때가 있지요.

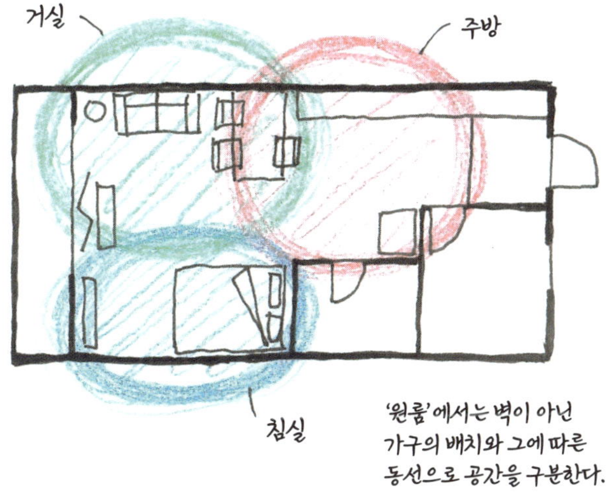

현관을 열자마자 바로 침대가 보여서는 안 될 테니 침실의 위치
는 큰방의 꺾어진 안쪽 공간으로 정했습니다. 침대의 위치가 정
해지면 그다음의 배치는 자연스럽게 따라옵니다. 터놓은 주방
과 큰방 사이에는 식탁을 놓아 자연스럽게 공간이 구분되도록
합니다. 식탁을 기준으로 현관 쪽은 주방, 베란다 쪽은 거실이 되
는 셈이지요. 공간은 벽으로 구분되는 게 일반적이지만 가구를
어떻게 두느냐에 따라 그 역할과 움직임의 흐름으로 인해 구분
되기도 합니다.

한편 이미 붙박이장이 설치되어 있던 작은방은 화장대와 피아노, 수납장 등을 놓아 인테리어보다는 실용적인 멀티룸이자 프라이빗한 공간으로 쓰기로 했습니다. 다양한 살림살이로 인해 모든 공간을 보기 좋게 꾸미고 유지하는 데는 사실 한계가 있지요.

한 공간 정도는 힘을 빼고 다용도의 공간으로 활용하는 게 역으로 주 공간에 힘을 싣는 방법이 될 수 있습니다. 게다가 아무리 신혼부부라도 프라이빗한 공간이 필요합니다. 화장을 지우거나 옷을 갈아입거나 혼자만의 시간을 갖고 싶을 때, 나만의 공간이 있어야 하니까요. 발코니에는 보조 작업공간을 꾸며 작은 공간을 최대한 활용해보기로 합니다.

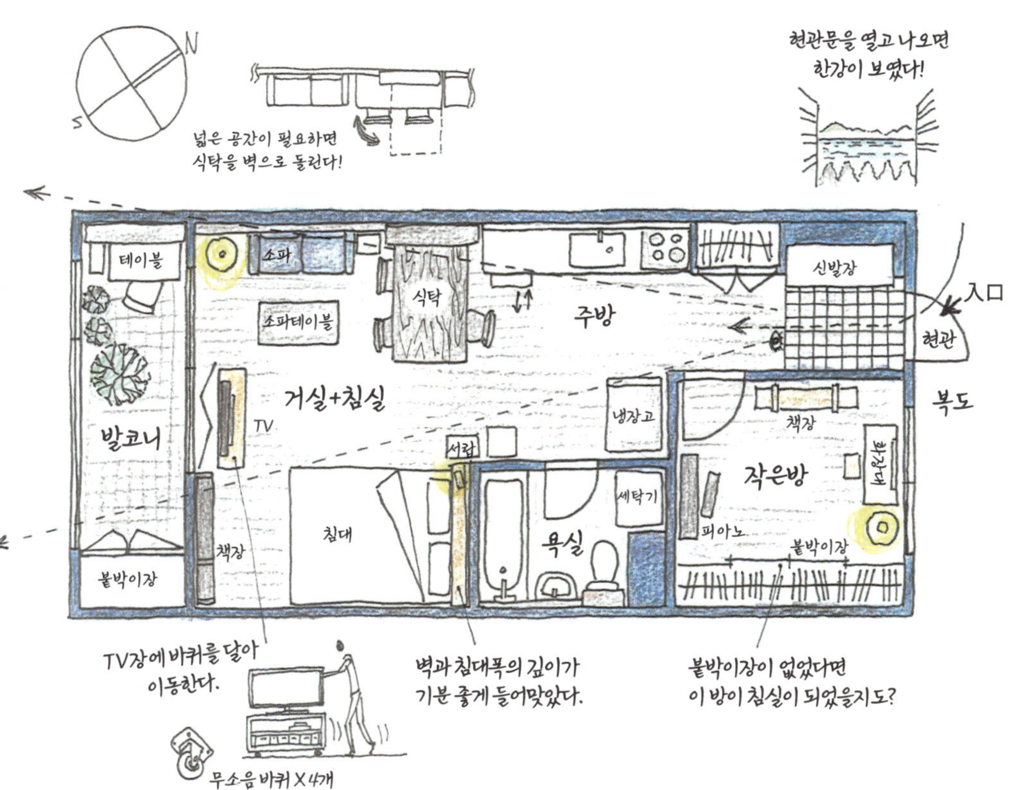
N
S
넓은 공간이 필요하면
식탁을 벽으로 돌린다!
현관문을 열고 나오면
한강이 보였다!
테이블
소파
식탁
소파테이블
주방
신발장
入口
현관
거실+침실
TV
냉장고
책장
복도
발코니
서랍
작은방
화장대
붙박이장
책장
침대
욕실
세탁기
피아노
붙박이장
TV장에 바퀴를 달아
이동한다.
벽과 침대폭의 깊이가
기분 좋게 들어맞았다.
붙박이장이 없었다면
이 방이 침실이 되었을지도?
무소음 바퀴 X 4개

▌현관

현관 앞 피크닉용 접이식 테이블과 빈
와인병들이 풋풋했던 신혼 시절의 낭
만을 떠올렸다.

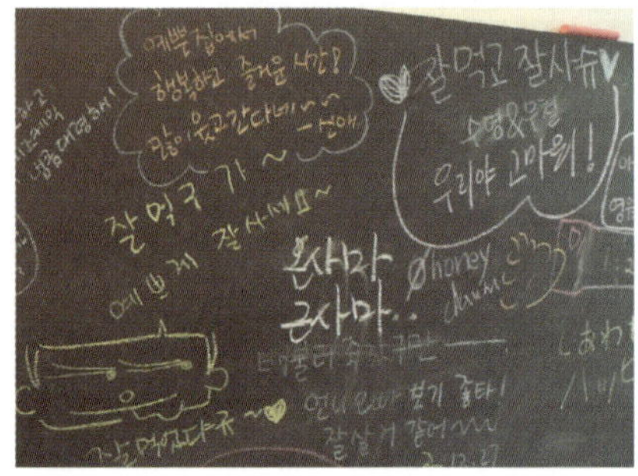

좁고 긴 현관. MDF 합판을 길게 재단, 주문해 칠판 페인트를 칠한 후 눈 높이에 붙였다. 이 작은 집에서 집들이를 몇 번이나 했다. 나가는 길에 지인들이 현관의 칠판에 가득 낙서하고 가기도 했다. 지나고 보니 풋풋하기만 한 추억이다.

주방과 거실 공간을 구분하는 식탁 겸용의 테이블과 와인수납장. 철제 다리, 목재 상판의 깔끔한 디자인의 테이블을 식탁으로 골라 주방과 거실 양쪽 분위기를 자연스럽게 연결하고 식탁 위에 식탁과 비슷한 느낌의 수납장을 짜 넣어 싱크대에서 바로 거실로 이어지는 이질감을 완화하고자 했다. 두 공간이 자연스럽게 구분되는 동시에 잘 어울리도록.

주방

1. 싱크대 뒤에 붙어있던 낡은 모자이크 무늬 시트지를 떼어내고 노출콘크리트 모양의 시트지를 붙였다. 타일이 붙어있지 않는 흰 벽 부분에는 좁은 폭으로 목재를 재단해 컵선반을 짜 넣었다.

2. 드럼세탁기가 빠져나간 자리에 바퀴가 달린 수납장을 짜 넣어 밥솥과 광파오븐 등을 수납하고 필요시 통째로 밖으로 꺼내 부족한 조리공간을 보완할 수 있게 했다.

3. 와인수납장 하부를 띄우고 식탁으로 사용하는 테이블을 그 아래에 붙여 필요에 따라 돌려가며 사용했다. 식탁과 의자 세트는 이케아.

4. 신혼 초, 첫 크리스마스. 이 소꿉놀이 같은 집에 손님이 찾아오면 식탁을 돌려 벽에 붙이고 바닥에 앉아 복닥복닥하게 보냈던 기억이 난다. 지금은 다들 더 넓은 집에 살지만, 오히려 그 시절이 그리워질 때가 있다.

소파는 나중에 바꿀 생각으로 욕심부리지 않고 작은 공간에 맞는 부담 없는 가격의 2인용을 선택했다. 소파와 소파 테이블은 이케아.

위. 지금과 달리 가구 선택의 폭이 넓지 않은 시절이었다. 마음에 드는 가구는 너무 비싸거나 구하기 어려웠다. 저렴한 가구는 눈에 차지 않았고 적당하다 싶으면 사이즈가 애매했다.

마침 온라인으로 목재를 재단할 수 있는 온라인 목공소를 발견해 목재를 재단, 주문해 만든 책장과 TV수납장. TV수납장 바닥에는 무소음 바퀴를 달아 필요할 때마다 이동할 수 있게 했다.

아래. 부족한 수납공간을 확보하기 위해 서랍으로 구성된 침대프레임을 만들고 침대헤드는 선반형으로 만들어 조명이며 휴대폰, 자기 전에 읽던 책 등을 올려둘 수 있게 했다.

작은방

강렬한 레드의 붙박이장과 꽃무늬 벽지가 난감했던 작은방. 시트지나 페인트칠, 셀프 도배 등으로 변화를 줄까도 생각했지만, 깔끔하게 포기했다. 결혼선물로 받은 목가적인 느낌의 화장대. 공간과 어울리지 않았지만 결혼선물은 금방 치우긴 마음에 걸려, 두 번째 전셋집에서 리폼한다. 서랍이 여러 개 달린 철제 수납장은 기존 철제 수납장 틀에 서랍장을 제작해 끼워 넣었다. 한지 느낌의 플로어스탠드는 이케아.

강렬한 레드를 바꿀 수 없을 바엔 아예 문을 블루로 칠하기로 했다. 노란 느낌의 원목 가구와 함께 빨강, 파랑, 노랑의 3원색이 검은색 피아노와 함께 어우러지면 한 가지 색이 압도하지는 않을 것 같다는 기대였다. 반은 농담이고 반은 진담이다.

세탁기를 욕실에 설치해야 하는 구조였는데 문 폭이 좁아서 처형으로부터 선물받은 세탁기를 돌려보내야 했다. 작은 집은 치수와의 싸움이더라. 이 당시 꽃무늬 냉장고가 큰 유행이었다. 스테인리스 느낌의 냉장고를 고른 건 좋은 선택이었다. 부피가 큰 가구나 가전일수록 심플한 스타일을 선택해야 시간이 지나도 후회하지 않을 수 있다고 냉장고를 볼 때마다 떠올렸다. 욕실 출입문 옆 철제 선반은 이케아.

욕실

욕실은 전구를 교체하는 것만으로 아늑한 분위기를 낼 수 있다. 주백색이나 전구색 조명을 추천한다.
유아틱한 시트지를 떼어내고 휴지걸이를 바꾸었다. 원목 합판을 재단해 수납장 문짝을 교체하고, 곰팡이가 내려앉은 욕실 턱에도 올려주었다.
이때 사용했던 수납장 문짝은 이사하면서 다시 원래의 것과 교체하고 두 번째 전셋집과 세 번째 전셋집까지 활용된다. 어디에 쓰이는지 찾아보는 재미가 있을 것.

발코니

작은 집에서는 작은 공간도 허투루 할 수 없다. 발코니 한
쪽, 에어컨 실외기가 놓인 자리 위로 아담한 작업용 테이
블을 두고 수납용 선반을 걸었다. 보조적인 공간이지만
유용하게 사용했다. 작업용 테이블과 의자 모두 이케아.

OO4

대견스러운

서툴고 귀여우면서

이 책을 쓰고 있는 지금 시점에서 첫 번째 전셋집을 돌아보면, 2008년이니까, 음… 어느덧 18년 전이네요.

아직은 셀프 인테리어라는 개념이 그리 대중적이지 않았던 시절.

요즘에야 전셋집뿐만 아니라 월세며, 자취방이며 자신의 공간을 가꾸고 공유하는 것에 익숙해졌지만, 그때만 해도 내 집이 아닌 전셋집을 꾸미고 산다는 것에 대해 "왜?" "굳이?"라는 질문이 많았던 시절입니다.

지금처럼 온오프라인에서 다양한 브랜드, 폭넓은 디자인과 가격대의 물건을 구하기 어렵던 시절, 이케아는 병행수입이라는 독특한 형태로 국내의 소비자들에게 전해지기 시작했습니다. 조립 가구에 대한 불편을 극복한, 조금은 앞서가던 소비자들이 하나둘 사기 시작하던 시절, 온라인보다는 오프라인에서 발품을 팔아야 마음에 드는 물건을 찾을 수 있는 확률이 높던 시절. 네, 그런 시절이 있었지요.

그런 시절에 신혼을 맞이해 조금은 유난을 떨었습니다. 조금 더 유난스럽게 전셋집을 고르고, 어차피 구입해야 할 신혼살림을 조금 더 신중히 결정하고, 눈은 높아졌는데 현실적으로 구하기 어려운 아이템들은 마침 그때 즈음 알게 된 '철천지(www.77g.com)'라는 온라인 목공소·철물점을 통해 목재를 재단해 주문하고 철물을 공부하며 하나둘 어설프게나마 구현해나갔었지요.

서투른 솜씨와 척박한 작업환경에도 불구하고 원하는 이미지에 조금씩 다가가며, 집이 조금씩 신혼집다워지는 모습을 피부로 느껴가며 고생했던 만큼 즐거웠던 기억입니다.

18년이 지난 지금 돌아보면, 역시 미숙한 부분도 많고, 그사이에 유행이 몇 번은 지났기에 유치해 보이는 부분도 있고… 지금으로서는 절대로 선택하지 않을 아이템도 보여 조금 민망하기도 하네요.

그러나 한편으로는 부족하게라도 첫 전셋집을 가꿔가고 그 과정을 착실히 남겨준 그때 젊은 우리의 모습이 대견해 보이기도 합니다. 첫 번째 전셋집에서의 동기부여와 시행착오와 노하우가 있었기에 그 후로 지금까지 전셋집임에도 어차피 떠날 남의 집이라고만 생각하지 않고, 내 집처럼 애착을 갖고 쾌적하게 변화시키며 살아갈 수 있었을 테니까요.

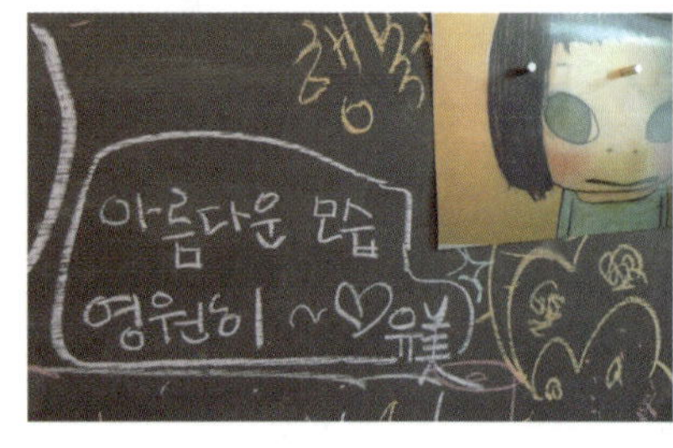

이맘때 즈음 블로그에 집을 소개한 후, 결혼을 준비하던 어느 예비 신부에게 받았던 쪽지를 기억합니다.

저희처럼 양가의 큰 지원 없이 평범하고 소박하게 시작한 한 부부가 보금자리를 구하면서 겪었던, 현실의 전셋집을 마주하며 겪게 된 이야기였습니다. 괜히 새신랑과 다투고 진지하게 결혼 자체에 대한 회의가 들던 차에 비슷한 현실과 고민 속에서 해결책을 찾아가는 저희 첫 전셋집을 발견하고 다시 희망을 갖게 되어 감사하다고 남겨주신 사연은 십수 년이 지난 지금도 기억이 납니다.

돌아보면 서툴고 귀엽게만 보이는
소꿉놀이 같은 첫 번째 전셋집.

이 소박한 집이, '어? 이 정도는 한번 해볼 수 있겠는데?' 싶은 만만한 전셋집이 되길 바랍니다.

대부분 시작은 비슷하잖아요?! 헛헛~

이동 가능한 'TV수납장'

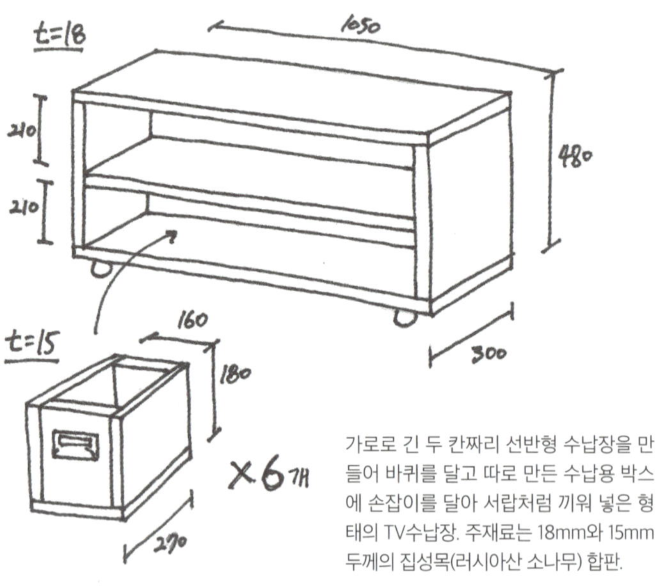

가로로 긴 두 칸짜리 선반형 수납장을 만들어 바퀴를 달고 따로 만든 수납용 박스에 손잡이를 달아 서랍처럼 끼워 넣은 형태의 TV수납장. 주재료는 18mm와 15mm 두께의 집성목(러시아산 소나무) 합판.

나사못으로 고정하고 사포로 다듬어 바니시로 마감했다. 처음 만들어본 가구가 이 TV수납장이었다. 간단한 구조에서 시작해 조금씩 자신감을 얻었다.

두 번째 전셋집까지는 거실에서,
세 번째 전셋집에서는 침실에서.

네 번째 전셋집에서도 잠시 침실에서 사용했
다. 처음 직접 만든 가구이니만큼 애정이 컸기
에 10년가량을 함께했다.

확장 가능한 '수납 겸용 책장'

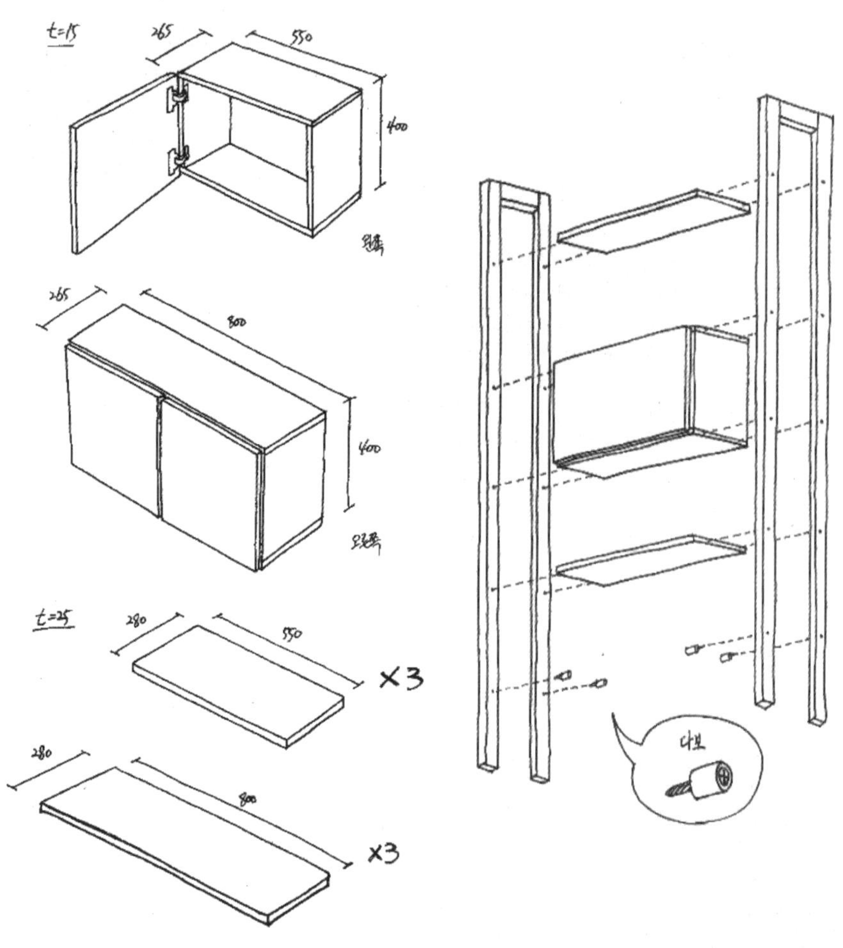

긴 ㄷ자 형태의 기둥을 만들고 수납공간과 선반을 연결한 책장. 주재료는
집성나왕각재(30x40mm)와 15mm 집성목(러시아산 소나무) 합판. 제작
과정은 세 번째 전셋집에서의 거실 파트를 참고(p117).

때로는 블랙(첫 번째 전셋집), 때로는 화이트(두 번째 전셋집)로.

어떤 때는 전면책장(세 번째 전셋집과 네 번째 전셋집)으로, 그때그때 공간에 어울리도록 리폼을 거쳐 컬러와 사이즈를 달리하며 지금까지 사용하고 있는 가구이다.

리폼을 염두에 둔 '수납형 침대'

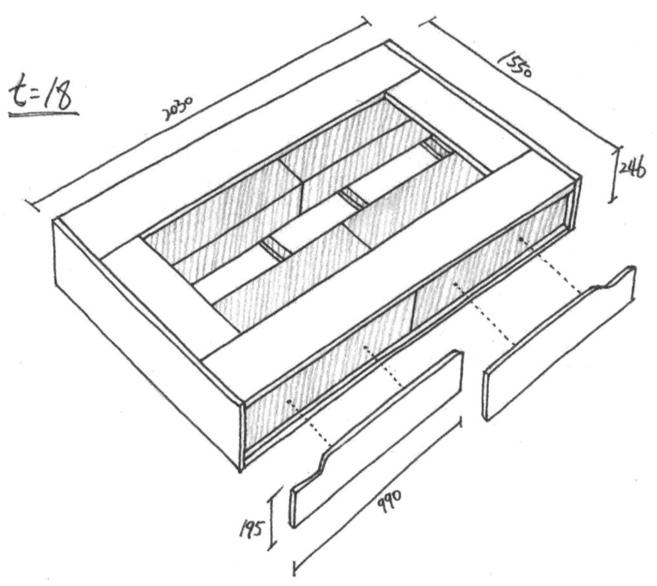

1단 서랍장 4개를 연결해 이사하며 리폼이 가능한 수납 침대를
만들었다. 주재료는 18mm 스프러스 합판과 18mm MDF 합판.
18mm 스프러스 합판으로 네 개의 서랍장을 하나의 프레임으로
연결해 매트리스를 올리는 방식.

두 번째 전셋집까지는 침대프레임으로 사용했다.

세 번째 전셋집(좌)과 네 번째 전셋집(우)에서는 4개의 1단 서랍장을 위로 쌓아올리는 간단한 변화를 거쳐 4단 서랍장으로 사용했다.

하부 공간 활용을 고려한 벽 고정 '와인수납장'

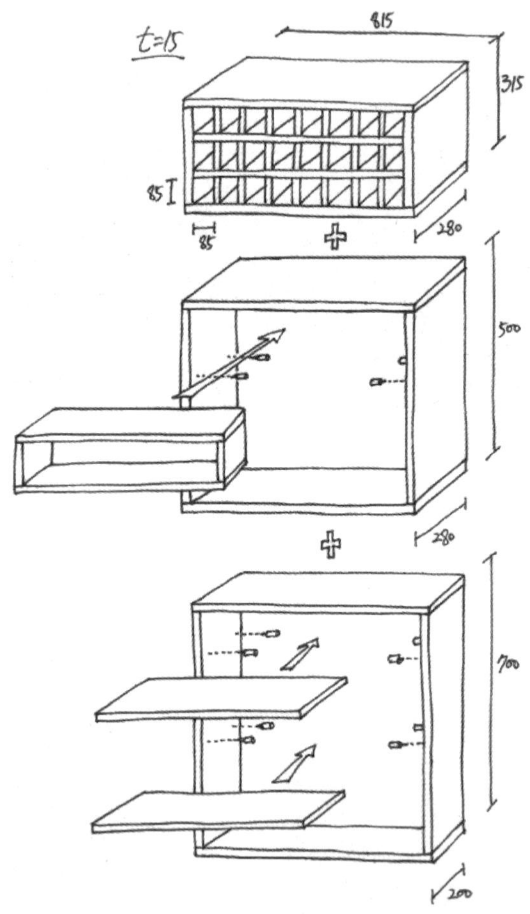

나중에 이사하며 수월하게 이동 및 재조립하기 위해 세 부분으로
만들고 검은 합판으로 테두리를 둘러 하나의 수납장처럼 보이게
한 와인수납장. 주재료는 15mm 소나무 집성 합판.

와인수납장은 당시에 자주 가던 홍대 카페 'B-hind'에서
영감을 받아 직접 만들어본 것. 카페에서 시간을 보내는
걸 좋아하는 부부라 신혼집을 좋아하는 카페처럼 꾸미
고 싶었던 마음이 반영되었다.

이후 두 번째 전셋집(좌)에서는 거실에서, 세 번째 전셋집(우)에서는 주방에서, 조금씩 용도를 달리하며 사용하게
된다. 벽에 고정하는 방법은 세 번째 전셋집의 주방 파트를 참고(p132).

수납과 보조 조리공간을 겸한 '인출식 오븐수납장'

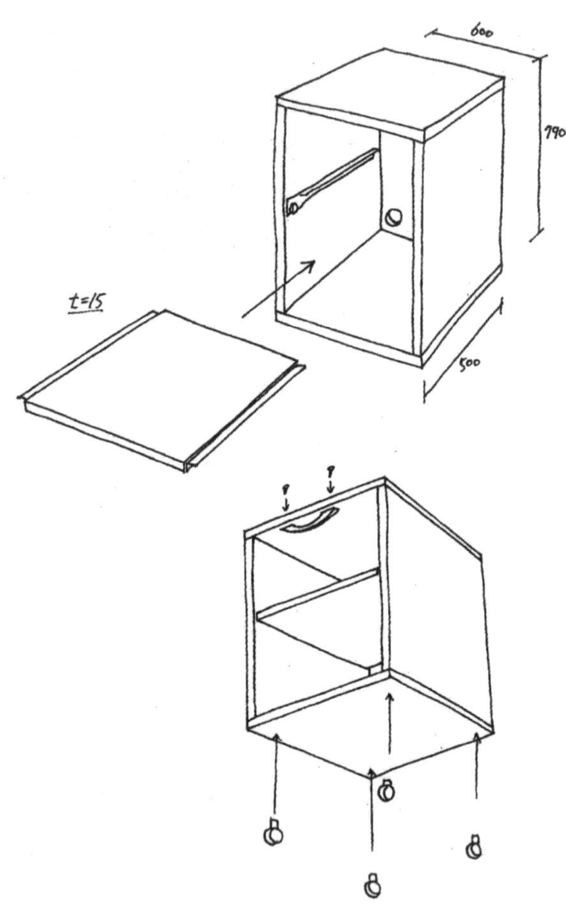

이미 마감처리된 코팅 합판으로 만든 오븐수납장. 바닥에
는 바퀴를, 상판 아랫면에는 손잡이를 달아 수납장 자체를
빼 보조 조리공간을 늘릴 수 있게 했다. 가운데 칸은 밥솥
을 넣고 뺄 수 있도록 서랍 레일을 이용했다.

빌트인 드럼세탁기가 있던 자리. 광파오븐과 밥
솥 놓을 곳이 필요했기에 이 자리에 수납장을 만
들면서 동시에 좁은 주방의 조리공간을 늘릴 방
법을 고민했다.

직접 만든 다른 가구들과 마찬가지로 10여 년을 함께하게 된다.

어떤 전셋집을 구해야 할까?

"다른 곳들은 적당히 낡고 바래도 괜찮은데
싱크대와 욕실만큼은 깨끗한 집"입니다.

적당히 낡은 집은 임대인이 집의 변화에 덜 까다롭기도 하고 오히려 좋게만 바꿔준다면 손대는 걸 은근히 반기기도 합니다. 게다가 낡은 집은 도배, 장판과 몰딩이나 문짝만 칠해도 분위기가 확확 바뀌는 걸 보는 재미가 쏠쏠하거든요. 물론 이 경우에도 집에 손을 좀 보겠다는 의사를 미리 밝혀두어야 합니다.

다만 쉽게 고치기 힘든 부분은 싱크대와 욕실입니다. 굳이 마음에 쏙 들지는 않더라도 손 안 대고 살아도 될 정도, 또는 약간의 리폼으로도 변화를 줄 만한 싱크대와 화장실이면 충분합니다. 그러니 집을 볼 때는 살림살이가 모두 빠져나가고 벽과 바닥이 어느 정도 정리되었을 때를 상상해봐야 합니다. 그래야 어느 정도의 비용과 수고를 들일지 감이 잡히기도 하고, 임대인에게 일정부분 수리해줄 의사가 있는지 타진해볼 수 있습니다. 때론 임대인이 도배나 장판뿐 아니라 싱크대나 욕실 수리를 약속하는 일도 종종 있으니까요. 그래도 이 조건에 맞는 집들을 찾지 못했다고요? 네, 저도 가끔 그랬습니다. 특히 네 번째 전셋집의 주방과 욕실은 상태가 좋지 못했지요. 최고는 아니지만 최선을 찾아가야 합니다.

향과 층은 꼭 염두에 두어야 합니다.

층수나 향에 따라 집값이 달라지기도 합니다. 뛰어다니는 아이가 있는 경우 1층이, 추위와 더위에 둔감한 낭만주의자라면 옥탑이 제격일 수 있지요. 낮에 집을 비우는 게 일상인 맞벌이 부부라면 동향의 부족한 채광이 큰 문제가 되지 않습니다.

수압은 확인해보셨나요?

수압 문제는 아파트나 공동 주택보다는 다가구 주택이나 단독 주택에서 빈번하게 나타납니다. 양해를 구하고 두 개 이상의 수도에서 동시에 물을 한번 틀어보세요. 이미 살고 있는 사람에게 물을 많이 쓰는 출근 시간대에도 수압이 괜찮은지 확인하는 게 좋습니다.

냄새도 맡아봅시다!

수압을 확인하며 같이 체크할 부분은 냄새입니다. 화장실과 씽크대의 배수구에서 역한 냄새가 나지는 않는지, 단순히 그 집 아이가 방금 싼 똥 냄새와 치우지 않은 음식물 찌꺼기의 냄새가 아닌 하수구를 타고 올라오는 고질적인 냄새가 나는지 확인합니다.

세탁기와 냉장고 위치도 가늠해봐야지요.

냉장고처럼 부피가 크고 주방의 동선에 큰 영향을 미치는 가전제품이 들어갈 위치를 확인합니다. 세탁기도 아파트는 발코니에 설치할 수 없는 경우가 많고 작은 평수라면 흔히 사용하는 대용량 세탁기가 들어가지 않는 경우도 있습니다.

주차 가능 대수와 관리비도 미리 알아두는 게 좋겠죠.

뛰어다니는 아이들은 없는지, 층간소음 신경과민 이웃은 없는지, 개는 안 키우는지, 이웃들 정보와 혹시나 전 세입자가 에어컨이라도 저렴하게 넘길 생각은 없는지… 꼼꼼히 따져볼수록 괜찮은 전셋집을 구할 수 있겠지요.

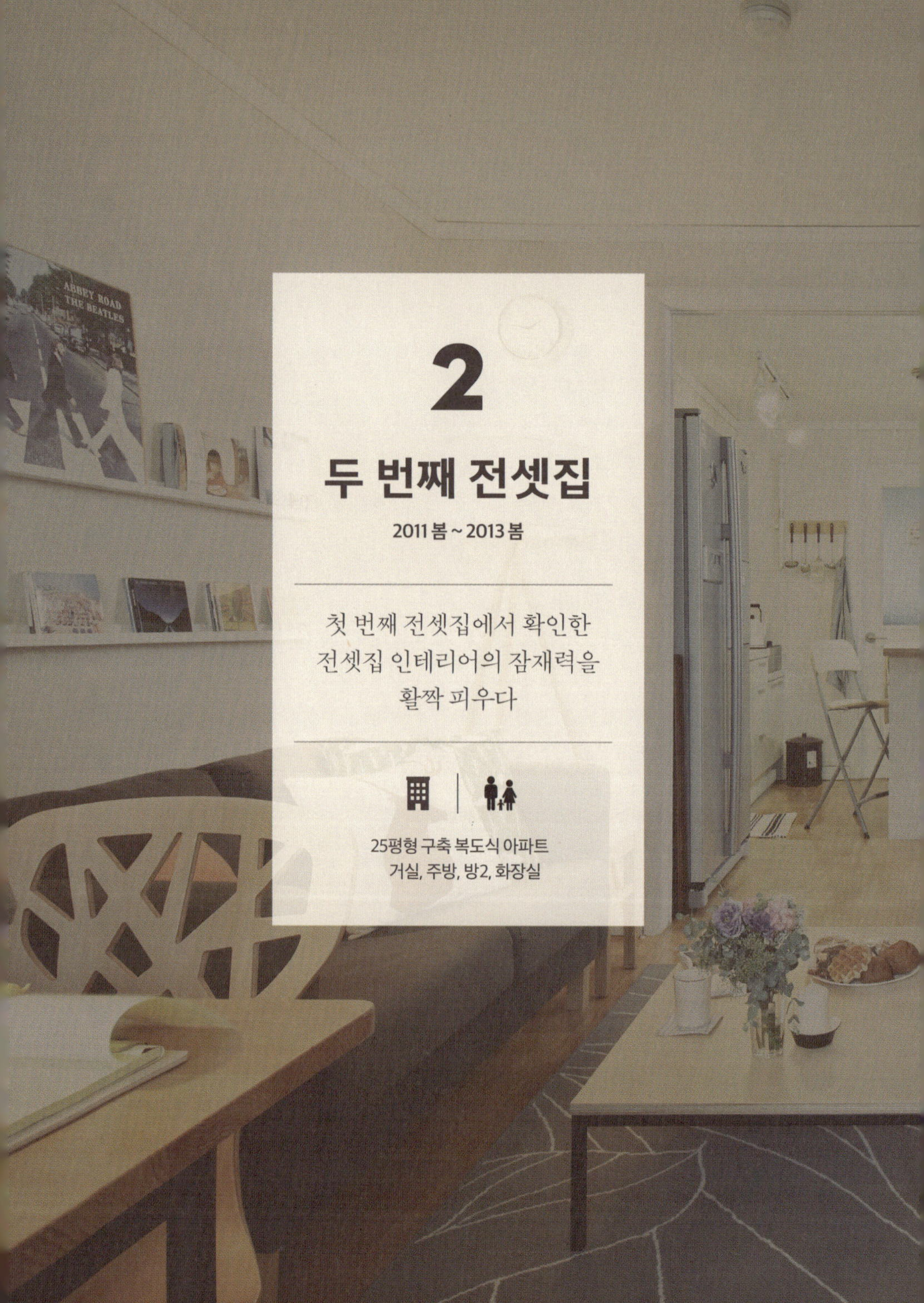

2

두 번째 전셋집

2011 봄 ~ 2013 봄

첫 번째 전셋집에서 확인한
전셋집 인테리어의 잠재력을
활짝 피우다

25평형 구축 복도식 아파트
거실, 주방, 방2, 화장실

아이가 태어난 집

첫 집보다 넓어진 공간에서
다양한 시도가 가능했다
그리고 출산과 육아라는
새로운 세계가 시작되었다

001

두 번째 여정,
조금 더 넓은 세계로

신혼집이었던 첫 전셋집에서 2년 6개월가량을 살고 두 번째 집으로의 이사를 결정하게 되었습니다. 전세 계약이 일반적으로 2년인데, 2년이면 2년이고 4년이면 4년이지 웬 2년 6개월일까요?

임대인이 2년의 전세 기간이 만료되었을 즈음에 개인 사정이 있다며 6개월만 연장하면 어떨지 제의했습니다. 이맘때만 해도 2년+2년의 임대차보호법이 적용되지 않을 시점이라, 제 입장에서는 받아들이고 6개월을 더 사느냐 거부하고 2년 만에 나가느냐는 결정권만 있었을 뿐이었지요. 2세를 준비하며 집을 좀 더 넓혀 이사를 하려고는 했으나, 굳이 당장 이사를 서두를 필요가 없어서 6개월 연장에 동의했습니다.

전세 기간이 2년 단위이지만 꼭 그렇지만은 않다는 걸 경험했습니다. 전세 기간은 자의 또는 타의에 의해 어느 정도 늘어나기도 줄어들기도 합니다. 계약 기간 중에 갑자기 일방적인 사유로 변경하게 되면, 이로 인해 발생한 상대방의 복비(부동산중계 수수료)를 물어야 하거나 때론 이사비 명목의 비용을 보상해줘야 할 때도 있지요.

저의 경우는 사전에 양측이 합의한 경우로, 다른 조건 없이 6개월만 더 거주하고 나오게 되었습니다.

그렇게 만난 두 번째 집. 18평형대 아파트에서 25평형대 아파트로 집을 넓히게 되었지요. 첫 번째 전셋집에 비하면 전체적으로 낡긴 했지만, 연식에 비해 비교적 양호한 상태의 화장실과 싱크대가 쓸 만했고 무엇보다도 공간이 넓어진다는 게 좋았습니다.

집을 보러 간 저희 일행을 밝게 웃으며 맞는 어머니뻘 임대인께서 살고 있던 집이었는데, 어느 정도 손보며 살아도 되겠냐는 인사를 전하자 임대인은 예쁘게 살아달라고 흔쾌히 응했습니다. 사진을 찍고 줄자를 들이대며 이곳저곳의 치수를 재는 저의 모습에 "신랑이 자상한가보네~"라며 커피까지 내오셨습니다. 오지랖 넓게도 넙죽 받아마시며 시작한 담소는 조금 길어졌지요.

집을 임대하고 임차하는 일 모두 서로의 필요에 의해 이루어지는 일이고 사람 사는 일입니다. 집도 중요하지만 가능한 한 좋은 관계를 유지하려 노력하는 편입니다.

체리색 몰딩과 낡은 주방 타일이 아쉬웠지만, 집을 넓혀가는 것만으로도 좋았던 두 번째 전셋집.

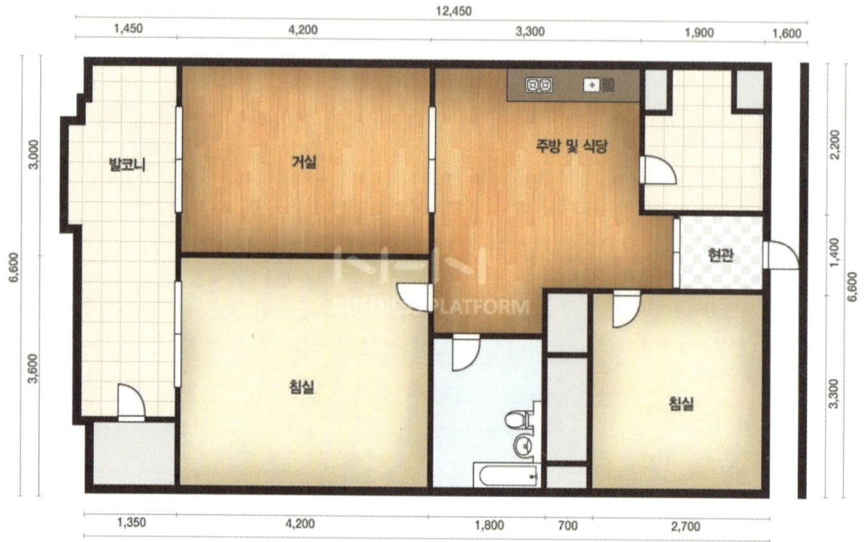

주방과 거실, 침대가 한 공간에 있던 신혼집에서
거실과 주방, 침실이 분리된 두 번째 전셋집으로의 이사.

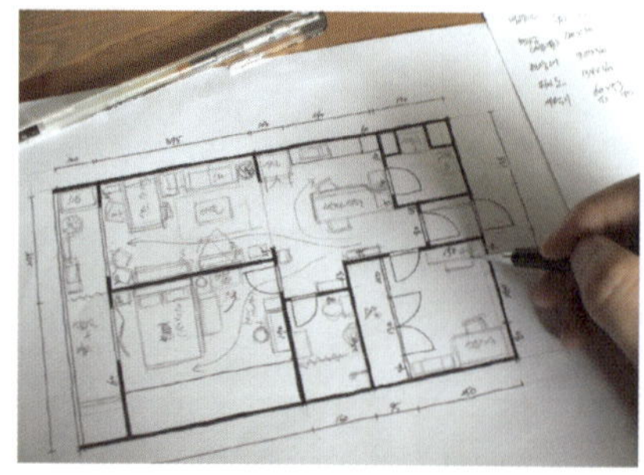

인터넷에서 구한 배치도와 사전에 양해를 받고 미리 실측
해온 치수를 활용해 도면을 그려보고 앞으로의 생활과 동
선을 고려해 가구 배치를 해본다.

두 번째 전셋집이지만 첫 번째 전셋집은 이사 후 살림을 마련했기에 제대로 된 포장이사는 처음이었습니다.

이삿짐의 포장에서 운반, 정리까지 전 과정을 책임지는 포장이사를 선택한다면 최소한 한두 달 전에, 특히 이사철에는 최소한 두 달 전에는 예약하는 것이 좋습니다.

이사 비용은 이사철에 따라, 흔히 길일吉日이라고 불리는 '손 없는 날' 여부에 따라서도 비용이 달라지고, 같은 이사업체라 하더라도 어느 팀에서 오느냐에 따라 견적이 수십만 원 이상 달라지는 경우가 있기 때문에 여유 있게 여러 곳에 견적을 문의하는 게 좋습니다.

견적을 받을 때 붙박이 가구 등 이동이 까다로운 가구나 이전 설치가 필요한 가전 등은 가능 여부나 별도 추가 비용 등에 대해 확인을 받아 계약서에 내용을 첨부해두어야 합니다. 고가의 가전 등은 제조업체에서 따로 이사 서비스를 제공하기도 하니 파손 위험이 큰 물건이나 귀중품은 따로 이동하는 게 좋겠죠?

깐깐하게 견적을 받았지만 당일에 일하는 모습을 보면 감탄스럽기가 그지없습니다. 견적 비용 이외에 수고료 개념의 식대나 목욕비용 명목으로 10만 원 정도를 따로 드리기도 하는데, 필수는 아닙니다.

끝까지 잘하는 것을 확인하고 일이 끝나고 드리는 경우도 있지만, 저는 기분 좋게 일하시라고 점심시간 전에 드리곤 합니다. 그리고 오전 일 시작 전에 간식을, 오후 일 시작 전에 커피 정도는 챙겨드리는 편입니다.

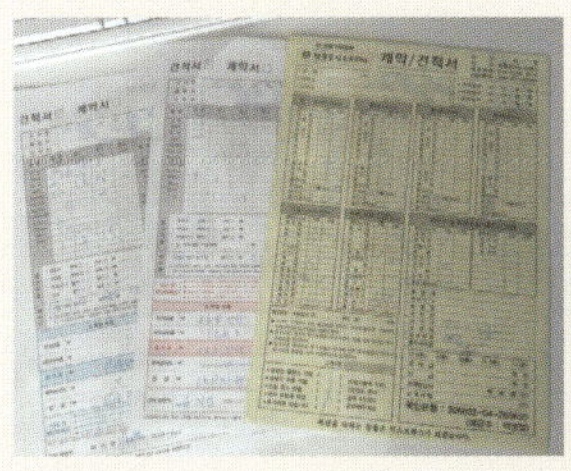 

좌. 보통 3곳에서 5곳 정도의 업체에서 견적을 받는다. 서비스가 괜찮은 업체나 팀의 경우에는 계약서를 잘 두었다가 다음 이사 때에 다시 연락하기도 했다.

우. 이사 당일, 두 번째 전셋집에서의 저녁. 살면서 꾸미는 전셋집 인테리어에 이사 첫날부터 계획한 대로 집이 정리될 수는 없다. 하나하나 정리해나가면 된다.

OO2

첫 번째 전셋집은 비교적 양호한 상태의 벽과 바닥이기에 손보지 않고 그냥 살았습니다. 아직은 전셋집에 손대는 것에 대해 주저했던 시기이기도 했고요.

첫 번째 전셋집에서 쌓아온 경험과 시행착오, 아쉬움에 두 번째 전셋집을 구하며 임대인과 대화를 나누고 얻은 용기가 더해져 이 당시까지만 해도 전셋집에서 적용하기에 과감할 수 있는 작업을 시작하게 됩니다. 바로 몰딩과 벽의 페인트칠.

(이후로 세 번째 전셋집에서는 장판 작업을 추가하고, 네 번째 전셋집에서는 좀 더 고급인 포쉐린 타일 느낌의 장판을, 다섯 번째 전셋집에서는 심지어 강마루와 도배까지 시도하게 되었으니… 뭐든 시작이 어렵습니다.)

기존의 장판이 썩 마음에 들었던 것은 아니었지만 아쉬운 대로 그럭저럭 쓸 만했던 반면에 은은하게 꽃무늬가 들어간 색바랜 벽지와 존재감을 과하게 뽐내는 체리색 몰딩만큼은 어떻게든 정돈해주고 싶었습니다. 사전에 임대인에게 양해를 구하고 페인트칠로 정리합니다.

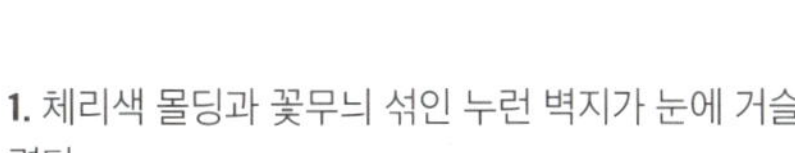

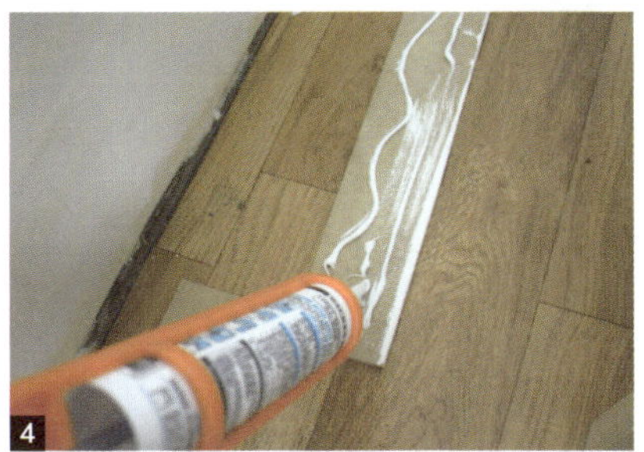

1. 체리색 몰딩과 꽃무늬 섞인 누런 벽지가 눈에 거슬렸다.

2. 몰딩은 젯소를 칠한 후 흰색 페인트로 칠해 존재감을 줄였고, 벽은 아이보리 컬러의 페인트를 조색해 칠해주었다. 동네에서 조색이 가능한 페인트 가게를 하나쯤 알아두면 유용하다.

3. 장판 마감재인 굽도리테이프를 제거하고 일반적으로 마루의 마감재로 쓰이는 걸레받이를 붙인 시도를 처음 해보았다. 걸레받이는 동네 재제소에서 6mm 두께의 MDF를 폭 8cm 너비로 재단해 흰색으로 칠해 준비했다.

4. 실리콘을 전체적으로 발라주고 걸레받이를 붙이기 직전 글루건을 군데군데 찍어준 후 벽에 붙인다.

5. 디테일한 부분에서 부족할 수밖에 없지만, 저렴한 비용과 작은 노력으로도 장판에 마루바닥의 느낌을 조금은 담아내고자 했다.

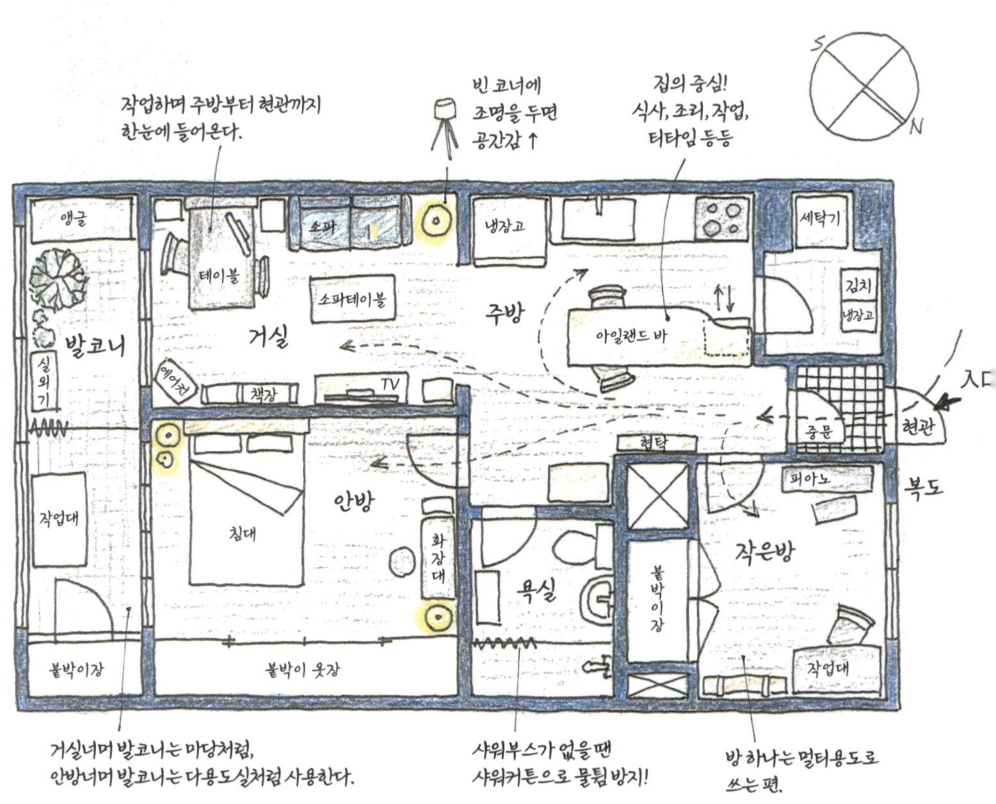

작업하며 주방부터 현관까지 한눈에 들어온다.
빈 코너에 조명을 두면 공간감 ↑
집의 중심! 식사, 조리, 작업, 티타임 등등
S
N
앵글
발코니
실외기
소파
테이블
소파테이블
거실
에어컨
책장
TV
냉장고
주방
아일랜드 바
세탁기
김치 냉장고
入口
중문
현관
복도
작업대
안방
침대
화장대
피아노
작은방
붙박이장
붙박이 옷장
현탁
욕실
작업대
거실너머 발코니는 마당처럼, 안방너머 발코니는 다용도실처럼 사용한다.
샤워부스가 없을 땐 샤워커튼으로 물튐 방지!
방 하나는 멀티용도로 쓰는 편.

현관

두 번째 전셋집의 장점 중 하나는 중문이 설치되어 있다는 것이었습니다. 복도식 아파트의 단점이 현관문 하나로 외부와 구분되어 있다는 것인데, 첫 번째 전셋집에서 그 단점을 충분히 경험해보았지요. 중문이 있으면 겨울에 현관문을 통해 전달되는 외풍을 막아주고, 방음이나 안전 면에서도 여러모로 장점이 많습니다. 다만 몰딩과 벽 정리를 끝내고 나니 색바랜 중문이 다소 우중충해 보였습니다. 그에 반해 유난히 반짝이는 황금빛 손잡이도 거슬려 보였지요. 불투명 유리는 그 너머 누가 서 있을까 음산하기까지 했습니다. 포인트가 되면서도 집 전체와 어울리도록 리폼을 결심합니다.

1. 기존의 중문. 색바랜 화이트 컬러와 대비되는 황금빛 손잡이의 부조화, 유리 가장자리에 실리콘까지 대충 발라져 있어 눈에 거슬렸다. 손잡이와 상부 불투명 유리를 제거했다.

2. 전체적으로 젯소를 바른 후 톤다운된 브라운 계열로 조색한 페인트를 덧칠했다. 하부 불투명 유리도 함께 칠해 상부만 개방된 문처럼 보이게 했다.

3. 철물점에서 구입할 수 있는 가장 심플하고 저렴한 손잡이로 교체. 상부의 불투명 유리 대신 투명 유리를 동네 유리가게에서 주문해 갈아 끼웠다.

4. 레터링지를 이용해 타이포그래피를 새겨주었다.

5. 아기가 있는 집이니, 꼭 손을 씻어달라는 메시지를 남겨보았다.

상부를 투명 유리로 바꾼 게 좋은 선택이었다. 집의 첫인상인 현관, 그리고 중문의 중요성에 대해 피부로 느낄 수 있던 두 번째 전셋집. 이후로 살게 된 집들에서 현관에 어떻게든 가벽을 설치하거나 심지어 중문을 직접 설치한 계기가 되었다.

주방

20평형 초반대의 구축 복도식 아파트에서 흔하게 볼 수 있는 이 구조에서의 단점은 좁은 주방, 특히 식탁이 놓일 자리가 애매하다는 것입니다. 식탁을 주방 한가운데 덩그러니 놓자니 생뚱맞기 그지없습니다. 현관문을 들어오면 바로 주방이라 자칫 어수선해 보여 집의 첫인상에도 좋지 않고요. 다용도실 쪽 벽에 붙이자니 식탁이 다용도실 문을 가려 드나들기 어렵게 됩니다.

게다가 기껏 평수를 넓혀 이사 왔는데 주방의 조리대가 전에 살던 집보다 오히려 좁습니다. 도마 하나 올려놓거나 프라이팬 하나 내려놓으면 여유가 없는 상황. 무엇보다 주방의 동선과 쓰임에 대한 고려가 필요한 집이었지요.

이 모든 것들을 해결해줄 방법으로 아일랜드 바를 떠올리게 됩니다. 좁고 긴 주방의 특성상 전체적으로 어두울 때가 많아 조명도 손보기로 했지요. 조명을 교체하거나 추가해 충분한 광량을 확보하면서도 아늑한 분위기를 내보기로 합니다.

1. 아일랜드 바에 맞는 의자를 구입해 적당한 높이를 가늠해보았다. 의자는 시트 높이까지 약 63cm, 바의 높이는 약 90cm로 결정. 폭 70cm, 전체 길이 180cm가량 되는 여유로운 사이즈의 상판을 올리기로.

2. 첫 번째 전셋집에서 만들어 사용하던 오븐수납장을 그대로 사용했다.

3. 바의 지지대는 크게 두 덩어리로 만들어 붙였다. 작은 것은 오븐수납장을 넣을 공간, 큰 것은 의자가 들어갈 공간이다. 코어 합판 18mm를 인터넷 목공소 철천지에서 재단, 주문 후 조립했다.

4. 큰 덩어리에는 안쪽에서 의자를 밀어넣을 공간을 남기고 칸막이를 넣어 수납 공간을 추가.

5. 바깥쪽에서 의자가 들어갈 공간을 남기기 위해 2개를 엇갈리게 두고 상판을 얹어본다.

6. 상판은 18mm 소나무 집성목을 동네 재제소에 가서 나뭇결이 고른 걸로 직접 골라 재단한 것.

7. 다용도실 쪽으로 붙일 면은 드나들기 편하도록 직소기로 일부분 잘라냈다. 두께감을 주고 휨을 방지하기 위해 상판 아래로 폭 2cm 정도의 테두리를 만들어 붙였다. 바니시를 3~4번 바르고 사포질하기를 반복해 표면을 다듬는다.

8. 몸통은 벽의 컬러와 맞춰 칠한다.

9. 상판을 올려 아래로부터 고정해 마무리한다.

완성. 식탁으로 사용하면서 부족한 조리 공간과 수납 공간까지 확보할 수 있는 것이 아일랜드 바의 장점. 몇 가지 철물을 추가해 디테일을 더했다. 아일랜드 바 의자는 이케아.

아일랜드 바만 놓았다고 주방이 완성되는 건 아니다. 허연 형광등과 체리색 몰딩, 특히 푸르스름한 물결이 넘실대는 낡은 타일은 언제나 극악의 조화를 이루어낸다. 아무리 뽀얀 아일랜드 바를 가져다놓아도 살아나기 힘든 바탕들. 일단 기능적으로 급한 불은 껐으니 뒤늦게나마 주방의 조명과 벽을 정리한다.

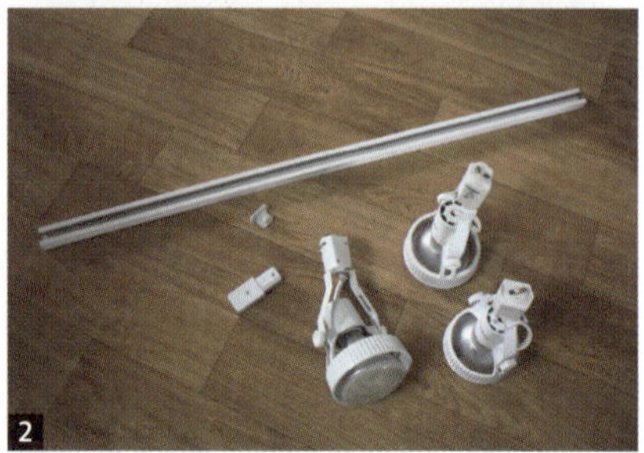

1. 저렴한 조명의 상징. 노출형 이관 형광등. 몇 만원이면 깔끔한 조명으로 바꿀 수 있다.

2. 조명용 레일과 레일 등으로 교체한다. 레일 등은 마켓엠이라는 가구점에서 할인행사 때 구입한 것.

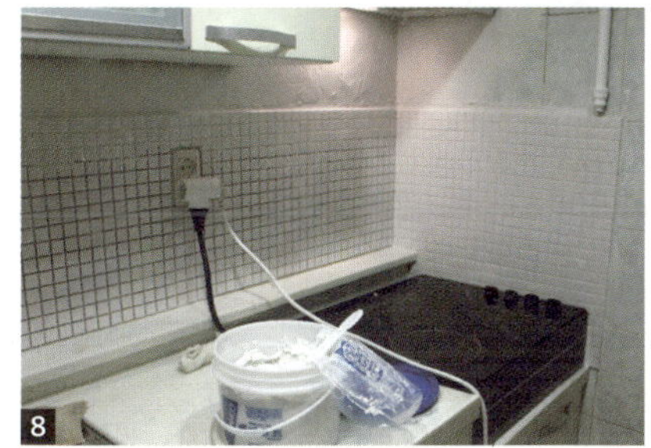

3. 형광등을 떼어낸 후 형광등에 연결되었던 전원을 연결해 레일을 천장에 고정한다.

4. 적당한 위치에 레일 등 걸기.

5. 낡은 타일이 붙어있던 주방 벽도 정리한다.

6. 자그마치 110V 콘센트가 함께 설치되어 있어 제거 후 MDF 조각을 잘라 붙여 가려주었다.

7. 하부장 폭에 맞춰 모자이크 타일 붙이기. 모자이크 타일은 사이즈가 작아 재단할 일이 거의 없이 그대로 사용하면 된다. 다만 타일의 사이즈가 작을수록 줄눈이 많이 생겨서 줄눈 작업량이 늘어나는 단점이 있다.

8. 타일 외의 벽은 퍼티를 넓게 펴 발랐다. 타일 작업은 이때가 처음이었는데 이를 계기로 더 난이도 있는 타일 작업을 시도해보기도 했으니, 뭐든지 시작이 어려운 법. 모자이크 타일은 온라인에서, 퍼티는 동네 철물점에서 구입했다.

주방에 창이 없어 싱크대 조리대 쪽은 한낮에도 어두운 느낌이 들었다. 천장 조명을 켜도 상부장이나 사용자의 몸이 빛을 가려 그늘이 생길 수밖에 없는 구조. 고민 끝에 T5 슬림 형광등을 간접조명처럼 설치했다. 이때 T5 조명을 처음 사용했는데, 이를 계기로 간접조명을 다양하게 활용하게 되었다. 새로운 작업을 시도해보는 게 중요함을 깨달은 계기였다.

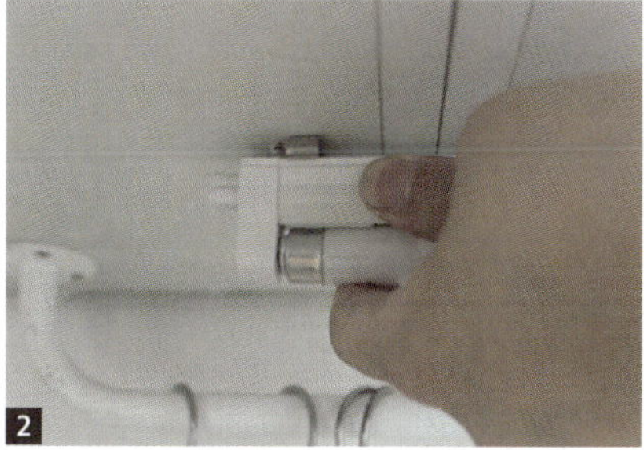

1. 싱크대 상부장 아래에 조명이 필요한 위치를 정하고 등기구에 동봉된 고정 클립을 나사못으로 설치한다.

2. 고정 클립에 등기구의 홈을 맞추고 딸깍 소리가 나도록 밀어올린다.

3. 전원선을 이용해 등기구에 전원을 연결하고 불필요한 선은 상부장과 벽 사이 공간으로 밀어넣어 정리한다.

4. 형광등 불빛이 바로 눈에 닿으면 눈부심에 피로할 수도 있다. 3mm 우드락으로 가림막을 만들고 양면테이프로 붙여 빛을 한 번 걸러주었다.

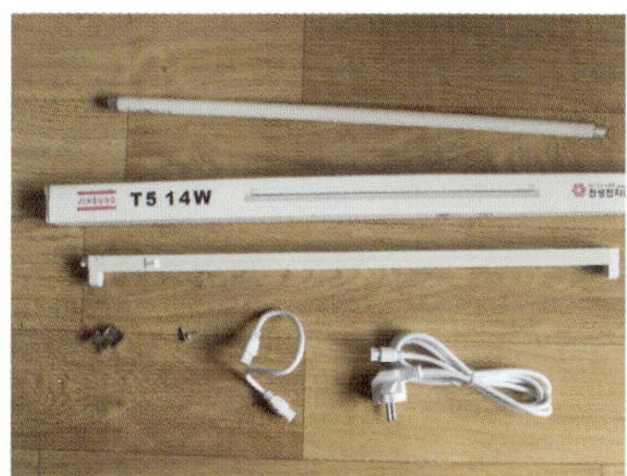

TIP. 간접조명에 활용도가 높은 T5 조명

T5 슬림 형광등과 스위치가 포함된 등기구, 플러그가 연결된 전선을 준비한다. 포장지의 'T5 14W'에서 T5는 형광등의 굵기를, 14W는 형광등 길이에 따른 밝기를 의미한다. 지금은 슬림 형광등이나 전용 등기구는 구하기 어렵고, 조명과 등기구 일체형인 T5 LED 램프가 주로 유통된다. 길이(약 30~150cm)와 조명의 색도 다양하고 주광색-주백색-전구색으로 변환할 수 있는 램프도 있다. 등기구에 스위치를 연결할 수 있고 연결선이나 잭을 통해 길이를 연장할 수도 있어 유용하다.

주방 벽과 조명까지 마무리했더니 평범한 기존의 싱크대가 한결 깔끔해
보인다. 양념과 키친타월 걸이는 이케아, 조리도구 걸이는 합판 쪼가리에
나사못을 박아 만들었다.

장판은 그대로 사용했다. 벽과 몰딩의 페인트칠 및 중문 리폼, 주방 벽과 조명을 정리하고 아일랜드 바를 두어 마무리한 주방. 블로그에 공개했던 당시에, 큰 공사 없이도 주방에 변화를 줄 수 있다는 희망을 널리 퍼뜨렸다.

거실

거실은 가족 구성원이 깨어있는 시간의 대부분을 보내는 공간입니다. 프리랜서 번역가였던 아내(일서《타니아의 작은 집》,《집과 부엌》,《옌센 가족의 집》등을 번역)와 블로그를 취미로 하다가 책까지 쓰게 되었던 저는 집에서 PC로 작업하는 시간이 많았지요. 그래서 작업공간은 거실에서 집의 중앙을 바라보는 위치에 자리 잡게 했습니다.

특히 아이가 태어난 이후에는 거실에서 꼼지락거리거나 호기심 가득한 얼굴로 여기저기 기어 다니는 모습을 관찰할 수 있어야 하니까요. 거실 중앙엔 소파와 TV장을 놓아 편히 쉴 수 있는 여유를 주되 아이가 점점 자라면서 소파 테이블을 치우거나 작업용 테이블을 돌려 공간을 확보하는 등 집의 중심인 거실을 안전한 놀이공간으로 활용할 수 있도록 가변적인 아이디어를 남겨두었습니다.

선반을 붙여 좋아하는 CD와 책을 올려두었다. 선반은 이케아, 벽걸이형 CD플레이어는 무인양품.

직접 만든 와인수납장도 함께 이동했는데 주방용품 대신 사무용품과 카메라가 자리했다. 형태보다는 쓰임에 따라 가구의 용도를 달리하는 것을 선호한다.

첫 번째 전셋집에서 식탁 겸용으로 사용되던 테이블은 두 번째 전셋집에서 아일랜드 바가 설치되며 작업용 테이블로 용도가 정해졌다.

직접 도안을 그려 만든 헌팅트로피. 이즈음 북유
럽 인테리어가 대세였는데 그에 어울리는 소품을
직접 만들어보고 싶었다. 세 번째 전셋집에서 조
금 더 업그레이드된다.

실제 사슴 등을 사냥한 기념으로 동물의 머리를 박제해 벽에 걸어놓은 헌팅트로피에서 영감을 얻었다. 우드락을
이용해 직접 도안을 그려 만들었다.

도안을 공개한 이후 블로그에서 재미 삼아 열어본 두 번에 걸친 헌팅트로피 컨테스트에 개인 블로그에서 주최한 수준이라고 보기 어려울 정도의 어마어마한 재창작 작품들이 출품되었다. 컬러를 달리하거나 펠트로 덮어씌우거나 청바지로 감싼 헌팅트로피까지… 각자의 개성을 뽐내던 낭만의 시대로 기억한다.

책장 리폼하기 첫 번째 전셋집 때 만들어 다섯 번째 전셋집에 이르기까지 여러 번의 리폼을 거친 책장. 거실의 폭이 좁은 편이라 기존의 책장의 색이 좀 더 밝았으면 했다.

첫 번째 전셋집에서 만들어 사용하던 책장을 리페인팅했다. 젯소를 칠하고 벽지 컬러에 맞게 조생한 페인트를 올렸다. 페인트칠은 가장 간단하게 기성 가구를 리폼하는 방법이다.

스위치 교환하기

낡은 문 손잡이와 함께 쉽게 교환할 수 있는 것이 스위치. 교체 방법을 익혀두면 간단히 바꿔서 사용하다가 다시 원위치해 다음 집에서도 활용할 수 있다.

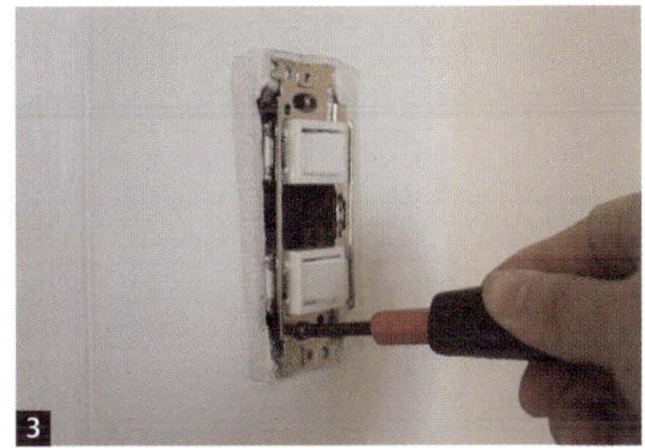

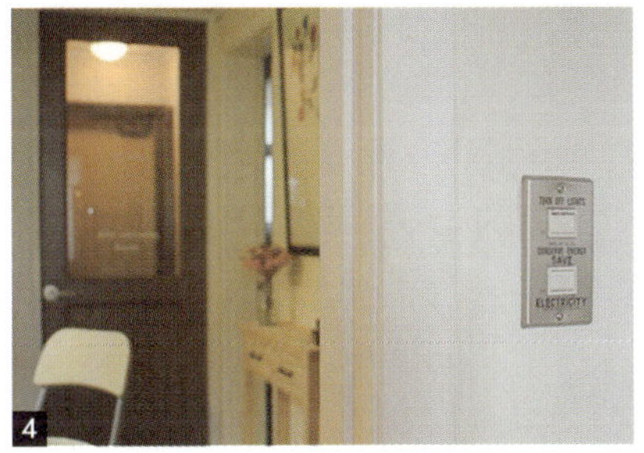

1. 눈에 잘 띄는 곳의 낡고 더러운 스위치. 흔히 두꺼비집이라고 불리는 신발장 속 배전함의 전원을 내리고 분리한 후 새 스위치로 교체한다.

2. 커버를 떼어낸 다음 스위치 본체를 교체해 전선을 새 스위치의 같은 위치로 옮겨 꽂아준다.

3. 조립은 분해의 역순, 전선을 옮겨준 새 스위치를 다시 벽에 고정하고 스위치 커버를 덮어준다. 스위치 커버는 마켓엠 제품.

4. 스위치 교체의 효과를 실감하고 다음 전셋집부터는 스위치를 바꿔주거나 깨끗하게 리폼해 사용하게 되었다.

안방

안방은 차분하고 부드러운 분위기를 연출하고 싶었습니다. 그러나 동향으로 난 창으로 쏟아지는 아침 직사광선에 눈이 부셔 새벽잠을 설칠 수 있는 환경이었지요.

나중에 태어날 밤낮없이 잠을 쪼개 자는 아기에게도 넘치지 않는 조도가 필요하다고 생각했습니다. 그래서 커튼 대신 선택한 것이 반투명 롤블라인드. 커튼보다 깔끔해 정돈된 느낌을 주면서도 쏟아지는 오전의 빛을 은은하게 걸러줄 때는 간접조명을 켜놓은 듯 빛이 부드럽게 번지는 효과를 줍니다. 몇 번을 거칠게 덧칠했는지 유리에까지 페인트가 지저분하게 묻어있는 커다란 창문을 정돈해주는 역할도 겸하고요.

톤다운된 느낌을 주기 위해 침대헤드 쪽 벽은 연한 회색으로 칠해주었습니다. 저녁에는 차가운 느낌의 형광등보다는 따뜻한 느낌의 스탠드나 펜던트 조명을 이용해 아늑한 분위기를 유지하려 신경을 썼습니다.

전셋집에서 가능한 조명 작업은 주방의 형광등과 펜던트등을 교체한 것과 같이 기존의 조명을 교체하는 수준이다. 조명을 추가로 설치하는 경우는 전기공사가 필요한데, 전셋집에서 전기공사는 쉽지 않은 일. 그러나 주방 싱크대 상부장 아래에 간접조명을 추가한 것처럼 조명을 고정하는 방법과 콘센트에서 끌어온 전선을 깔끔하게 정리하는 방법만 해결할 수 있다면 전기공사 없이 조명을 추가하는 것도 가능한 일이다.

침대에 누웠을 때의 눈높이인 창턱에 화분을 놓고 블라인드를 살짝 올려주면 마치 하얀 벽에 낮고 긴 쪽창을 낸 듯 작은 프레임의 소박한 풍경을 선사한다.

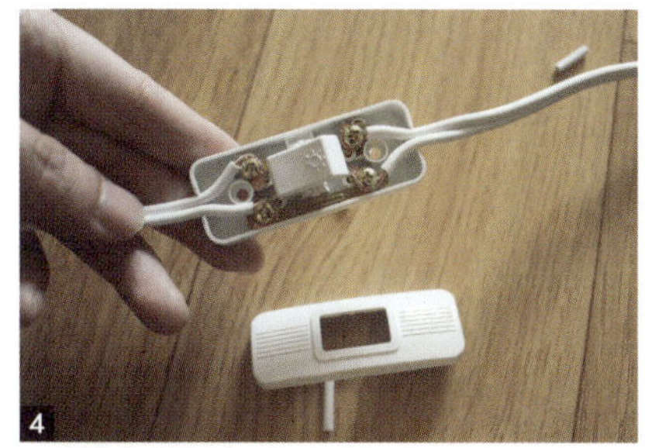

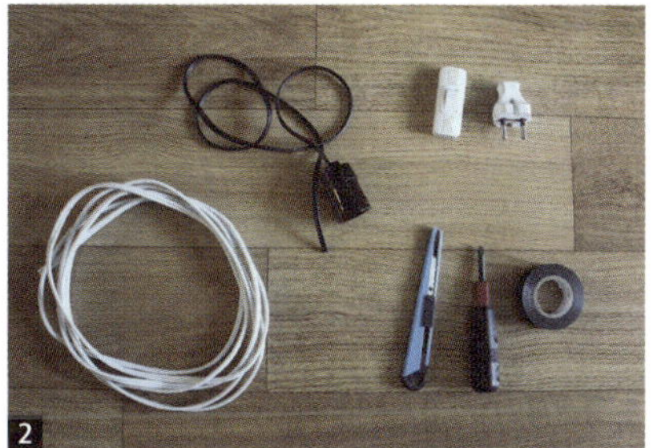

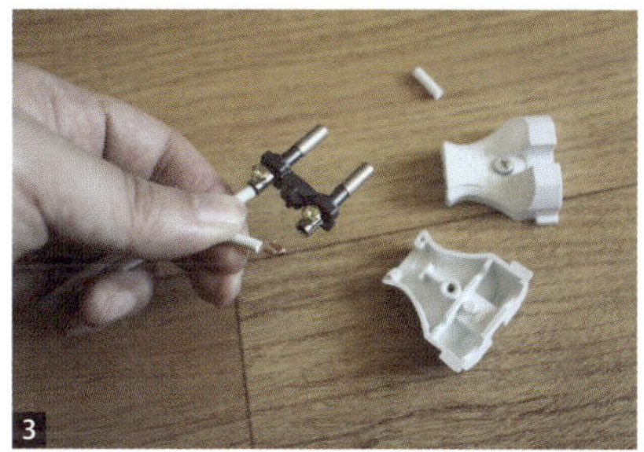

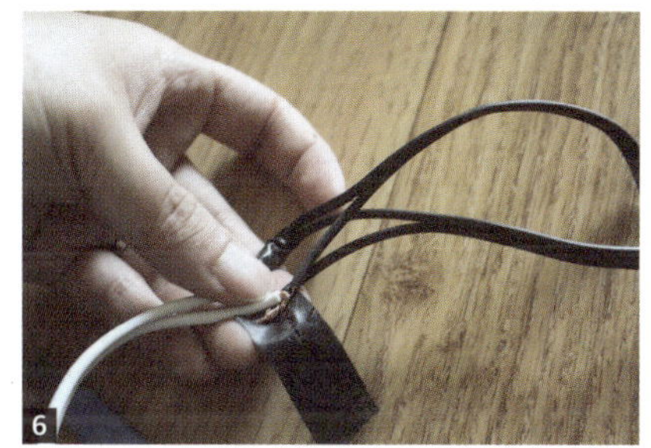

1. 인도네시아 발리 여행 중 조명가게에서 꽂혀 이고 지고 들고온 3개 한 세트의 펜던트등.

2. 필요한 길이만큼의 전선과 스위치, 220V용 전기 플러그, 절연테이프와 칼, +자 드라이버. 요즘은 스위치와 플러그가 이미 연결된 전선을 온라인에서 구할 수 있다.

3. 플러그에 전선을 연결한다. 좌우 구분 없이 전선 하나씩 피복을 벗겨 플러그 양쪽에 하나씩 연결한다.

4. 스위치를 연결한다. 침대에 누워서도 편하게 손이 닿을 수 있도록 적당한 위치를 정해 전선 중간을 뚝 잘라 (플러그에 전선을 연결하는 것처럼) 좌우 구분 없이 전선 하나씩 피복을 벗겨 연결한다.

5. 전구 소켓 부분을 연결한다. 이 경우 두 개의 소켓을 연결하느라 각 소켓에서 검은색 전선 하나씩을 스위치 쪽 흰색 전선 하나와 각각 연결해주었다.

6. 절연테이프로 전선이 노출된 부분을 잘 감싸준다.

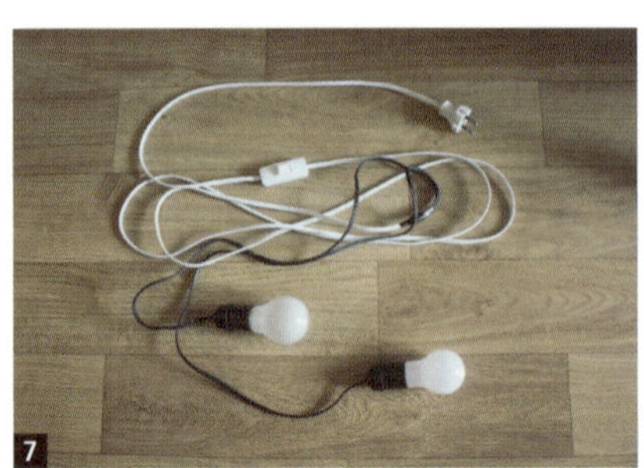

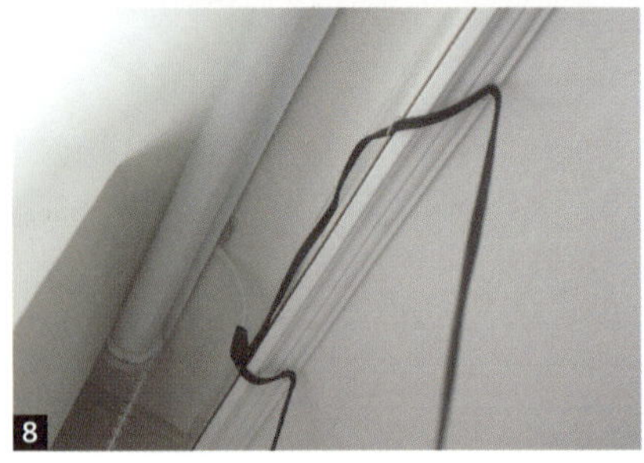

7. '플러그 - 스위치 - 소켓(전구) 2개' 한 세트 완성.

8. 천장 몰딩에 전선 고정용 스테이플 등을 이용해 전선을 고정해 펜던트등을 걸어주고, 남은 전선은 커튼박스 안쪽으로 돌려 롤블라인드 뒤로 내려 적당한 위치에 스위치를 두고 플러그를 콘센트에 연결한다.

완성. 이후의 전셋집에서도 비슷한 방법으로 응용해 필요한 곳에 조명을 추가하곤 했다.

화장대 리폼하기

작은 형이 결혼선물로 준 화장대. 그 당시만 해도 '컴홈 스타일'이라고도 불리는 목가적인 느낌의 스타일이 유행이었는데… 유행이 변했다고 결혼선물로 받은 화장대를 몇 해 쓰지도 못하고 치우기 애매했다. 리폼 결정!

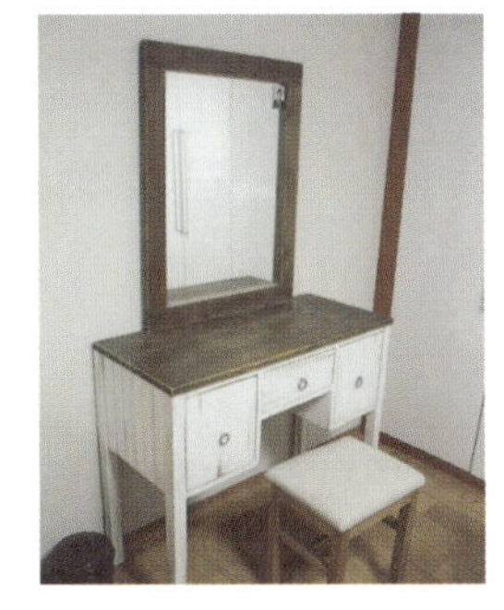

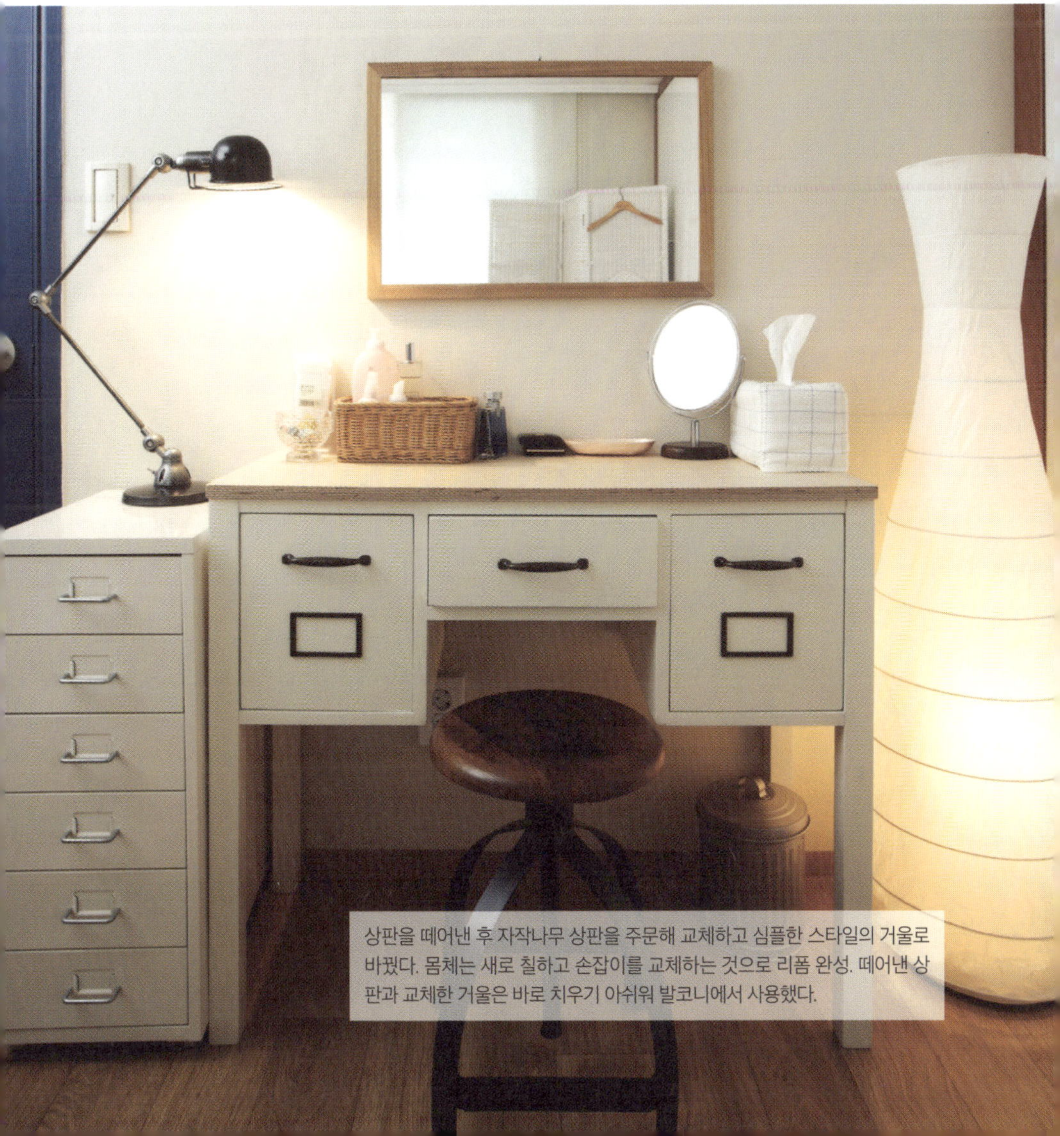

상판을 떼어낸 후 자작나무 상판을 주문해 교체하고 심플한 스타일의 거울로 바꿨다. 몸체는 새로 칠하고 손잡이를 교체하는 것으로 리폼 완성. 떼어낸 상판과 교체한 거울은 바로 치우기 아쉬워 발코니에서 사용했다.

작은방

작은방은 다용도로 사용하기로 했습니다. 출산과 육아가 시작될 두 번째 전셋집이었지만 갓난아기에게 따로 방이 필요하진 않으니까요. 작업실 겸 취미실 겸 손님방, 태어날 아기 짐 보관 겸 빨래 건조방, 갑작스런 손님 방문 시 어지럽혀진 물건 싹 던져 놓고 걸어 잠그기 딱 좋은 다용도의 방입니다. 어질러져 있는 경우가 많아 장난삼아 'STAFF ONLY'라고 프린트해 붙여놓았더니 집에 놀러 온 친구나 가족들이 작은방 문을 '벌컥' 여는 일이 줄어들었습니다.

현관문 유리창에 붙은 'WASH YOUR HANDS PLEASE'를 보고 방문자는 자연스럽게 곧바로 욕실로 향해 손을 씻고 작은 방의 'STAFF ONLY'를 보고 문 여는 걸 조심스러워하는 걸 지켜보는 건 즐거운 경험이었지요.

1. 일명 잡동사니 방이지만 나름의 배치를 생각하지 않을 순 없다. 피아노를 방문 옆에 두어 동선을 방해하지 않게 했다.

2. 반면 집중할 공간이 필요한 업무나 와이프의 재봉 작업 등은 작은방의 가장 안쪽 공간에서 세상을 등진 채 이루어지도록 했다. 임대인이 놓고 간 사무용 책상에 원목 상판만 올려 저렴하게 리폼한 책상을 부담 없이 사용했다.

3. 주로 와이프의 취미 공간. 간단한 쿠션커버부터 태어날 아이의 애착인형, 인디언텐트까지 손재주 좋은 와이프는 다양한 것들을 만들어내곤 했다.

4. 서랍이 있는 책장은 첫 번째 전셋집에서부터 사용하던 기성 책장에 서랍장을 만들어 넣어 리폼했다.

욕실

첫 번째 전셋집에 비하면 전체적으로 깨끗했던 욕실. 썩 마음에 든다고까진 할 순 없었지만 지나고 보니 배부른 소리였습니다. 이후 만나게 될 세 번째와 네 번째 전셋집에서의 욕실에 비하면 상당히 양호했네요. 다만 그저 깨끗하기만 했었기에 약간의 리폼을 통해 아늑함을 더해보고자 했습니다. 상태가 좋지 않은 욕실이라면 임대인도 그 상태를 인지하고 있기 때문에 어느 정도 손을 보는 것에 대해 신경 쓰지 않습니다만 이처럼 비교적 깨끗한 상태의 욕실은 타일 벽에 구멍 하나 추가로 뚫기도 조심스럽습니다. 기존의 욕실에 손상을 최소화하고 원상복구가 가능하며 전부 다 떼어갈 수 있는 욕실 인테리어를 고민해보았습니다.

1. 하얗고 밋밋했던 기존의 욕실. 천장 점검구의 체리색 사각틀만 유난히 돋보이기에 먼저 흰색으로 칠했다.

2. 거울을 떼어냈다. 벽에 실리콘으로 고정된 경우가 아니면 대부분 ㄷ자 형태의 거울 고정 부속이 위아래 네 곳을 잡아주고 있다. 틈 사이로 들어올리거나 밀어내면 거울을 넣거나 뺄 수 있다. 나사못으로 고정된 고정 부속도 떼어낸 후 그 자리에 목재 틀을 고정할 예정.

3. ㅁ자 목재 틀을 준비한다. 첫 번째 전셋집 주방의 컵 선반을 분해해 재사용했다.

4. 습기 많은 욕실 거울의 프레임으로 쓰일 용도이니 표면에 바니시를 두세 번 더 칠해준다.

5. 목재 틀을 기존의 거울 고정 부속이 고정되어있던 벽 구멍에 맞춰 나사못으로 고정한다.

6. 그 위에 거울 고정 부속을 연결하고 거울을 떼어낼 때의 역순으로 다시 끼워넣는다.

7. 욕실 수납장 문도 교체한다. 기존 문짝을 떼어낸다.

8. 원목 문짝을 그 자리에 달아주는 단순한 작업. 이 원목 문짝 역시 첫 번째 전셋집에 욕실 문짝으로 사용하던 15mm 소나무 집성목.

9. 주광색 전구를 전구색 조명으로 교체하고 원래 사용하던 목재들을 간단히 재활용해 아늑한 느낌만 조금 더한 두 번째 전셋집의 욕실.
전구를 교체하려다 보니 아무리 봐도 가로로 달려 있어야 할 벽등이 세로로 달려있었다. 대부분 벽등의 브라켓은 90도로 돌리며 방향을 선택할 수 있도록 나오기 때문에 등 커버를 분해하면 보이는 브라켓의 나사를 풀고 90도로 돌려 다시 조여주는 것만으로도 간단하게 변경할 수 있다.

수납공간이 부족해 샤워기가 있는 곳은 샤워커튼으로 구분하고 자연스럽게 반건식으로 사용했다. 입구 쪽 바닥에는 목재 선반을 두어 수건과 휴지 등을 보관했다. 사진 너머로 흐릿하게 보이는 라디에이터가 이 집의 연식을 가늠케 해준다.

발코니

거실 바로 너머의 발코니. 확장을 많이 하는 추세이지만, 개인직으로는 거실이 너무 좁지만 않다면 확장하시 않은 상태도 나름대로 좋아합니다. 보통 폭 1미터가 조금 넘는, 외부 섀시창과 벽으로 둘러쌓인 이곳은 잘만 활용하면 의외로 실용적이고 아늑한 공간으로 탄생하기도 합니다. 집 안에 둘 필요가 없는 크고 작은 짐을 수납할 수 있는 수납공간으로 활용할 수도 있고 필요한 공구, 자재와 작업용 테이블을 두어 작은 작업실로 활용할 수도 있습니다.

앵글(스피드렉, 경량렉)을 활용한 수납공간

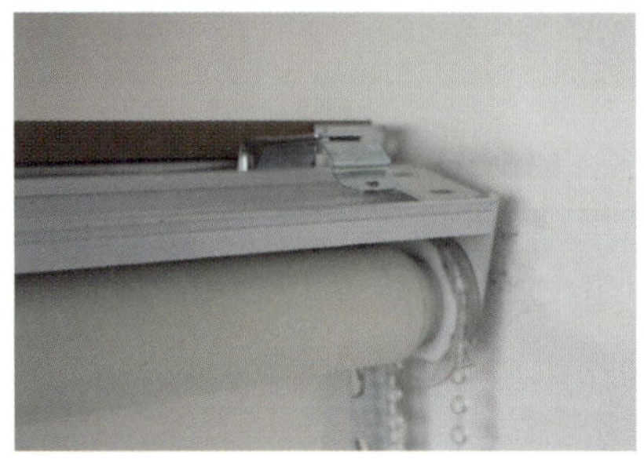

1. 거실 쪽 베란다 끝. 수납하기 딱 좋은 공간. 폭과 깊이, 높이에 맞는 앵글을 주문해 설치한다. 온라인에서 '스피드렉' 또는 '경량렉'으로도 검색이 되는데 고무망치 등으로 어렵지 않게 조립, 분해할 수 있다.

2. 짐들이 지저분하게 보일 수 있어 롤블라인드를 설치해 가려준다. 앵글의 철재 부분에 금속을 뚫을 수 있는 직결 나사못을 이용해 ㄱ자 브라켓을 연결해주고 브라켓에 블라인드를 건다. 안방의 롤블라인드와 느낌을 맞추고자 했다.

3. 부피가 크고 사용 빈도가 크지 않은 것들을 수납한다. 블라인드를 내려주면 시각적으로도 깔끔하게 정리된다.

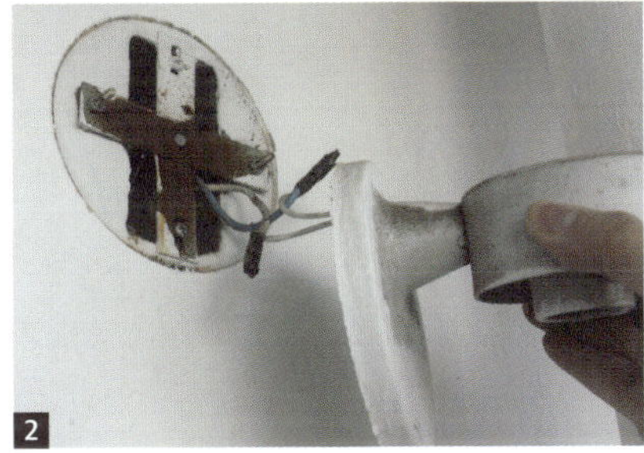

1. 등 커버도 없이 덩그렇게 불을 밝히던 베란다 벽등.

2. 배전판의 전원을 내리고 등을 떼고 전선을 풀어 등기구를 분리한다. 새 등기구를 연결할 땐 역순.

3. 을지로 조명가게에서 2만 원가량에 구입한 산업용 벽등을 리폼해 교체하기로 했다.

4. 은색 스프레이로 밑색을 칠하고 검은색 스프레이를 흩뿌려 오래된 철물의 느낌을 내보았다.

벽등 교체 완료. 거울은 안방의 화장대를 리폼하며 나온 것. 리폼하여 교체한 벽등과 함께 낡은 타일바닥과 적당히 어울렸다. 안방 쪽 창가로 이어진 안쪽 발코니에는 작은 작업실을 마련해보았다. 평소에는 이곳도 압축 커튼봉을 이용한 커튼으로 닫아 공간을 분리했다.

거실 밖으로 보이는 여분의 공간에는 화분을 두어 가꾸었다.

에어컨 실외기 위에 얹은 고재 느낌의 합판도 안방 화장대 리폼 전의
상판. 화분 몇 개와 향 등을 올려두어 작은 정원의 느낌을 냈다.

그리고…
四季를 보냈다.

그렇게 따뜻한 봄에 이사해 집을 가꾸며
뜨거웠던 여름을 보내고

현관 너머로 가을이 오나 싶었더니
어느덧 첫눈을 맞이했다.

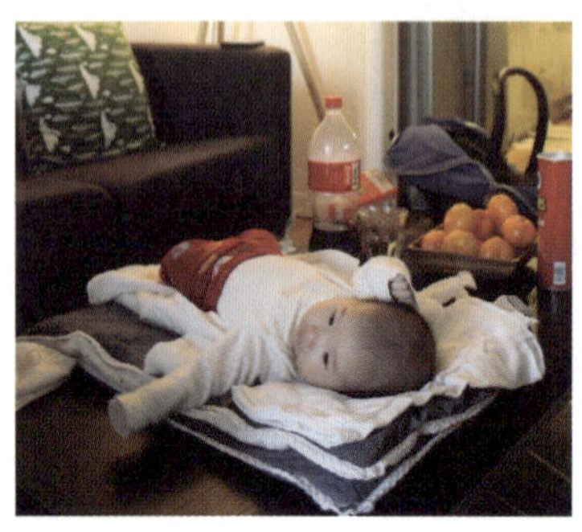

그리고 우리에게 새 식구가 찾아왔다.

육아는 현실이 되었다.
의도와는 많이 달라진 집 분위기이지만
이 또한 우리가 지나가는 과정이고
우리 가족의 역사가 될 것.

깔끔하게 정돈되었던 집은
알록달록 어수선하게 변하고

그래도 아이의 추억을 남길 배경을
가꾸어두길 잘했다고 스스로 칭찬하며
다음에 맞이할 전셋집을 설레는 마음으로
기다리던 시절이었다.

전셋집을 꾸미면서 가장 많이 들었던 질문들

전셋집에 인테리어라니요?

인테리어라는 단어가 거창하게 들리시나요? 가만히 생각해보면 사람들은 모두 인테리어를 하고 사는데 말이지요. 새로 이사 간 집에 벽지를 바르고 장판을 깔고 각 방의 쓰임새를 정해 가구를 들입니다. 가족 구성원에 따라 쓰임새를 바꾸곤 하지요. 부부라도 각자의 공간이 있고 아이의 성장에 따라 바뀌기도 합니다. 가족 모두에게 편안한 집이 되도록 고민하고 정리합니다. 저는 바로 이게 인테리어라고 생각합니다.

거실을 확장하고 타일이나 싱크대를 교체하는 작업만이 인테리어가 아니니까요. 언젠가는 가고 싶던 휴양지의 해변 사진 한 장을 책상 앞에 붙여보는 것. 아이와 거실 너머 발코니에 둘 작은 화분을 가꿔보는 것. 이것이야말로 인테리어의 시작입니다.

남의 집을 집주인 허락 없이 고쳐도 되나요?

안 됩니다. 제 마음대로 고치는 것 같지만, 저 역시 은근히 임대인의 입장을 고려하며 선을 지키고 있거든요. 집에 얼마만큼 손을 대도 되는지의 기준이라면 케이스마다, 특히 임대인의 성향마다 다릅니다.

저는 집을 보러 가고 계약을 진행할 때까지 많은 이야기를 나눕니다. 어느 정도, 어떻게 고칠지 설명하고 양해를 구한 후에 계약을 마무리합니다. 혹시 임대인이 집을 꾸며놓은 게 맘에 들지 않을 수 있으니 원상복구가 가능할 선 안에서만 작업합니다. 대개 구축 아파트로의 이사였고, 바탕을 정갈하게 정리하는 선이었기에 다행히 원상복구를 요구한 사례는 없었네요.

예산은 얼마로 하는 것이 좋을까요?

전셋집 인테리어의 예산은 좀 다른 접근이 필요합니다. 보통 도배와 장판에 가장 큰 비용이 들어가기 때문에 이 비용을 절감한다면 예산은 크게 줄일 수 있습니다. 가구나 조명, 선반, 커튼이나 블라인드 등은 이전 집의 것들을 다시 활용하는 방법도 있습니다.

우리는 인테리어라는 명목으로 너무 많은 멀쩡한 것들을 뜯어내고 교체하는 낭비를 하고 있지는 않나요? 모든 것은 낡아갑니다. 새것에 대한 집착을 버리고 자연스럽게 낡아가는 것에 대해 애정을 갖는 것. 이거야말로 지갑과 지구를 동시에 지키는 일입니다.

그래서 집 꾸미는 데 얼마나 들었어요?

집 상태와 원하는 콘셉트, 자재에 따라 다르겠지만 24평형 아파트 기준, 인테리어 업체에 턴키로 공사를 맡기면 2천~3천만 원 정도 듭니다. 벽과 바닥, 욕실과 주방, 조명과 붙박이장 등 기본적으로 들어가는 비용이 그 정도입니다.

제 경우에는 신혼집인 첫 번째 전셋집에 약 15만 원, 두 번째 전셋집에는 30만 원 정도 들어갔습니다. 세 번째와 네 번째 전셋집에서는 장판을 시공하고, 다섯 번째 전셋집에서는 강화마루와 도배 시공으로 비용이 더 들었지만 기타 잡비를 포함해도 18년간 다섯 번의 전셋집을 거치며 들어간 총 비용이 500만 원을 넘진 않았습니다.

저는 젊고 아름다운 시절, 시행착오를 거치며 집마다 재미있는 추억을 남겼다고 생각합니다. 내가 머무는, 머물게 될 '내 공간'을 취향대로 멋지게 꾸밀 수 있는 노하우와 경험도 함께 쌓아가면서요.

그렇게 공을 들였는데, 2년마다 이사 가기 아깝지 않나요?

솔직히 이야기하자면 다섯 번째 전셋집의 강마루는 시공 당시에 고민이 좀 있었습니다. 그러나 4년 정도 쾌적한 환경의 대가라고 생각한다면 지금도 그 결정에는 후회가 없습니다. 며칠의 휴가 때 다녀오는 숙소에는 하루에도 수십만 원을 쓰면서도 지금 내가 생활하는 공간에 비용을 들이는 데 인색한 경우가 많습니다.

이렇게 꾸며놓은('정리해놓은'이라는 표현이 더 맞겠네요) 집을 임대인에 대한 답례, 이사 오는 사람을 위한 선물, 그동안 편히 머물게 해준 집에 대한 고마움으로 남긴다고 생각하면 그리 아깝지 않습니다. 돈으로 환산하기 힘든 땀과 정성이 들어가기는 했지만, 환경을 바꾸고 생활을 변화시키는 노력에 '과하다'라고 생각한 적은 없답니다.

돈을 모아 빨리 내 집 사서 꾸미는 게 낫지 않나요?

인테리어에 들어간 비용을 아셨을 테니, 18년간 그 돈을 모았다고 빠른 속도로 내 집을 살 수 있는 게 아니라는 대답은 되었을 것 같네요. 아, 이건 왠지 청승맞은 느낌의 대답인데요! 물론 조금이라도 빨라질 수는 있겠지요. 제 방식이 맞다고 강요하지는 않습니다. 그냥 '이런 삶의 방식도 있구나'라고 생각해주세요.

집주인에게만 좋은 일 아닌가요? 2년 만에 나가라고 하면요?

임대차 보호법상 쉽지 않습니다. 임대인이 거주 목적으로 집에 들어오거나 거주 목적의 타인에게 매매하지 않는 이상 2년에 2년을 더해 4년의 거주 기간이 보장됩니다. 기간이 만료되어도 새 임차인을 들이려면 부동산 중개수수료가 들어가기 때문에 전세 보증금을 조정하고 연장하는 편이 임대인에게도 유리합니다.

무엇보다 그 공간에 살며 저도 좋았으니 집주인만 좋은 일은 아니고요. 사정상 이사를 가야 할 때 집이 쾌적하게 정리되어 있으면 다음 세입자가 금방 정해지는 편입니다. 단 한 번 집을 보여주고 계약이 정해진 적도 있을 정도니까요. 어차피 떠나야 할 집이라면 여러 번 시간을 내서 집을 보여줘야 하는 번거로움이 없다는 점도 장점이지요.

어린 자녀가 있는 경우, 인테리어가 어렵지 않을까요?
저희 집도 거실이 놀이방 같았던 시절도 있었습니다. 아이가 있으면 가리고 치우고 숨겨도 너저분해지는 시기가 분명 있습니다. 특히 아이가 어릴수록, 작은 집일수록 더하지요. 그렇지만 출산과 육아로 인테리어를 포기한다는 건, 전셋집은 대충 살겠다는 것처럼 들려 안타깝습니다.
얌전한 딸아이 하나 키우니 인테리어도 가능한 거라는 주변 반응도 있지만, 제가 아들을 키운다고 집과 인테리어에 대한 관심이 달라졌을 것 같진 않습니다. 오히려 그에 맞는 인테리어를 고민했겠지요. 어떻게 하면 보기도 좋고 치우기도 편하면서 아이의 정서에 도움이 되는 인테리어를 할 수 있을지를요. 그런 고민은 아이가 점점 자라 중학생이 된 지금도 계속되고 있습니다. 인테리어에서 '어떻게 보여주는가'보다 중요한 건 그 공간에서 생활하는 사람에게 '어떤 긍정적인 역할을 미치느냐'이니까요.

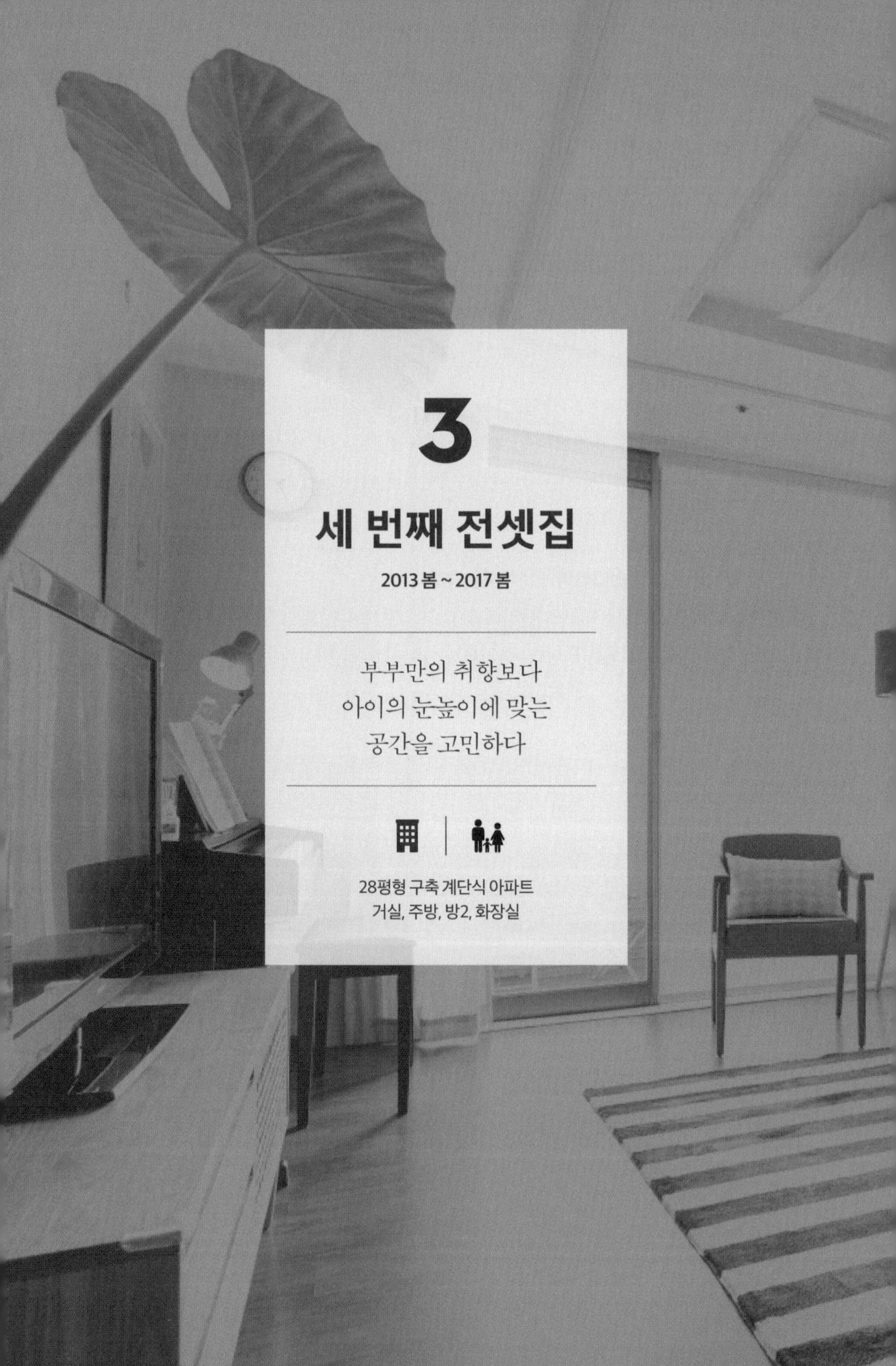

3

세 번째 전셋집

2013 봄 ~ 2017 봄

부부만의 취향보다
아이의 눈높이에 맞는
공간을 고민하다

28평형 구축 계단식 아파트
거실, 주방, 방2, 화장실

유아기의 아이를 키우는 집

딸아이를 위한

인테리어를 고민하고

다양한 컬러를 사용하면서도

조화를 꿈꿔보았다

001

아이의 돌이 지날 때 즈음, 이사를 생각해보게 되었습니다.

조금은 언덕이 있던 주택가에 위치한 구축 아파트였던 두 번째 전셋집. 근처의 공원이며 산책로까지 유모차를 끌고 오르내리기도 만만치 않고, 골목길에서 갑자기 튀어나오는 자동차며 오토바이들이 영아기 부모의 눈에는 유난히 위험해 보이기 시작했습니다. 범위를 넓혀 주거지를 살펴보다가 소위 출퇴근만 해결할 수 있다면 아이 키우는 부모에게는 최적의 환경이라 일컫는 1기 신도시까지 이르게 되었지요.

첫 번째 전셋집이 신혼부부의 소꿉장난 같은 집, 두 번째 전셋집이 아이를 낳고 영아를 키우던 집이었다면, 세 번째 전셋집은 아이가 유아기를 보낼 집이 될 것입니다. 이 집에서의 일들이 아이에게 유년 시절의 기억으로 남을 수 있을 테고요. 그런 생각을 하니… 여태까지는 저와 와이프를 위해 집을 가꿨다면 이제는 아이를 위해서라도 좋은 환경을 만들어주고 싶다는 욕심이 더해졌습니다. 모든 부모들의 바람처럼, 지금 당장 플란더스의 개가 뛰어다니는 잔디마당이 있는 단독주택에는 살게 해주지 못하겠지만 아빠와 엄마의 손길이 가득 담긴 따뜻하고 아늑한 환경만큼은 포기하지 않겠다는 욕심.

그러나 80년대에 지어져 한 번도 수리를 거치지 않은 구축 아파트의 현실은 기대에 미치지 못했습니다. 계약한 집의 상태를 보고 분명 입은 웃고 있는데 눈은 굳어 있는 사랑스런 아내와 천진난만한 미소로 '아빠 여긴 어디야?'라고 말하고 있는 듯한 품 안의 어린 딸아이의 눈빛이 아직 기억에 남습니다.

'어디긴 어디야, 우리 셋이 살 집이지.'

30여 년간 한 번도 수리를 거치지 않았던 세 번째 전셋집. 안방 창문의 창호지와 욕실의 카운터형 구식 세면대가 이 집의 오랜 연식을 말해준다.

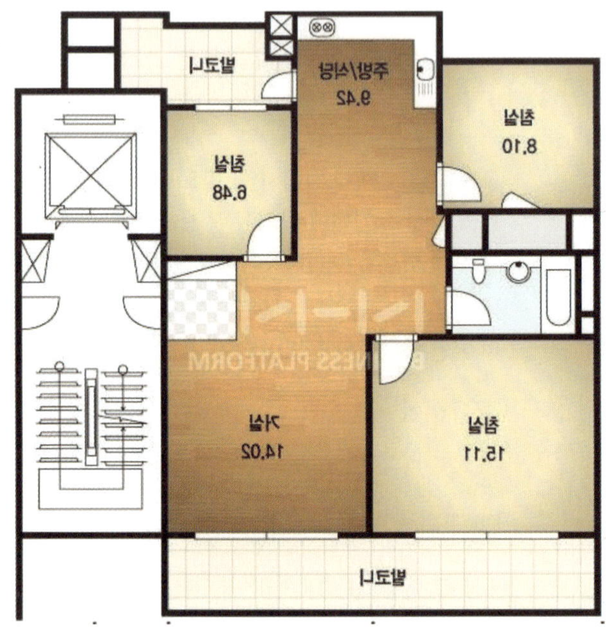

이사 전 실측과 가구 배치는 필수. 웹상에서 구한 배치도가 실제로 이사할 집과는 반대로 그려져 있기에 좌우 반전시켰다.

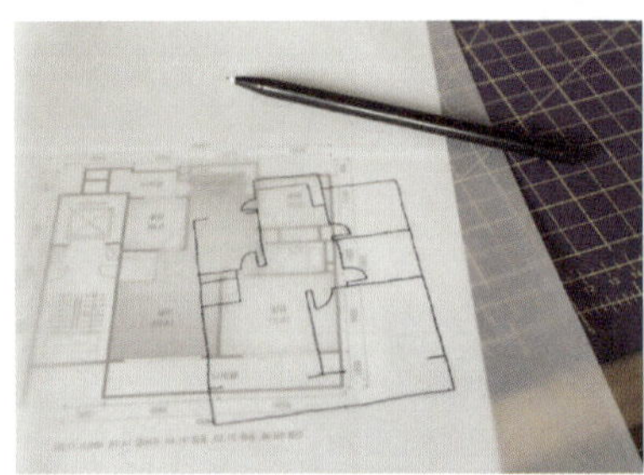

반전된 도면 위에 트레이싱지를 대고 배치도를 그려보고 건축가가 된 느낌으로 가구도 배치해본다.

흔히 말하는 20평형 후반대의 구축 아파트에서 가장 많이 볼 수 있는 구조. 차이는 주방에 딸린 다용도실이 작은방 두 개 중에 어느 방향으로 있는지와 남은 작은방 쪽에 따로 발코니가 있는지 없는지 정도일 뿐 거의 같다고 볼 수 있습니다.

세 번째 전셋집은 주방에 딸린 다용도실이 현관 옆 작은방 쪽으로 나있고, 화장실 옆 작은방에 발코니가 없는 구조. 비슷한 크기와 구조의 다섯 번째 전셋집은 주방에 딸린 다용도실이 화장실 옆 작은방 쪽으로 나있고, 현관 옆 작은방에 발코니가 있는 구조. 거의 비슷해 보이지만 전자와 후자에 따라 방의 쓰임새가 크게 달라질 수 있으므로 비교해볼 만하지요.

002

집의 베이스 정리

대부분 새로 들어오는 세입자로부터 전세보증금을 받아서 이사를 나가는 세입자에게 전세보증금을 돌려주는 전세라는 시스템의 특성상, 기존 세입자의 퇴거와 신규 세입자의 전입이 당일에 이루어지지요. (그렇지 않은 경우도 종종 있습니다. 바로 이 다다음인 다섯 번째 전셋집 이야기)

보통 점심시간 전에 기존 세입자의 짐이 빠지고 점심시간 이후에 새 세입자의 짐이 들어옵니다. 짐의 양에 따라 다르긴 하지만 아침 일찍 짐을 뺄 집에 이삿짐센터 직원들이 도착해 우루루 짐을 싸고 차에 실어 이사 들어갈 집으로 이동한 후 점심을 먹고 이삿짐을 내리기 시작하는 이사 날 풍경을 상상해보시면 쉽게 가늠이 되지요.

짐이 빠진 후와 짐이 들어오기 전의 그 간격이 전셋집 인테리어에서 천금 같은 시간이라고 할 수 있습니다. 집이 비워진 상태에서 짐이 들어온 후에는 하기 힘든 작업, 그러니까 벽을 정리하는 도배나 바닥을 정리하는 장판 혹은 마루(도대체 누가 전셋집에 마루를 하냐고 궁금해하시겠지만 바로 다다음 집인 다섯 번째 전셋집에 제가 합니다!) 작업을 할 수 있는 시간이 바로 이 시간입니다.

세 번째 전셋집에서는 이 시간에 장판 작업을 진행했습니다. 첫 번째 전셋집과 두 번째 전셋집만 해도 상태가 그리 나쁘지 않았었는데 세 번째 전셋집은 특히 장판 상태가 좋지 않았기에 처음으로 장판을 시공해보기로 한 것입니다.

장판을 셀프로 시공하는 방법도 있겠지만, 챙겨야 할 것 많은 바쁜 이사 날 장판까지 직접 까는 건 쉽지 않은 일. 과감히 업체에 맡겨보기로 합니다. 장판을 시공하고자 할 때 업체에서 어떤 장판을 얼마에 깔지도 정해야 하지만 꼭 챙겨야 할 일은 작업자가 시공할 시간을 확실히 정하는 것입니다.

전 세입자의 짐이 빠질 만한 시간보다 조금 일찍 도착시켜 짐이 빠진 후 바로 작업에 들어가야 하고, 새 짐이 들어오기 전까지 시공해야 하기 때문이지요. 혹시 시간이 딜레이된다면 얼마나 길어질지, 미뤄진 시간만큼 이삿짐센터 측에서 기다려줄 수 있는지, 만약 대기에 대한 추가금이 있다면 어느 선인지 확인해두어야 합니다.

20평대 아파트의 경우 보통 장판은 2~3시간이면 깔 수 있으므로 세 번째 전셋집에서는 큰 무리가 없었습니다. 그런데 다섯 번째 집에서의 마루 같은 경우는 시간이 좀 더 걸리기 때문에 이사업체 측에 대기 요금을 지불해야 했습니다. 이때의 경험(4년가량 거주하는 전셋집에 어느 정도의 비용을 들이는 일)에 후회가 없어 이후로 장판이나 도배, 심지어 마루를 까는 일도 서슴지 않게(?) 되었지요.

이런 것도 배포가 커진다고 표현해도 되는 건가 ….

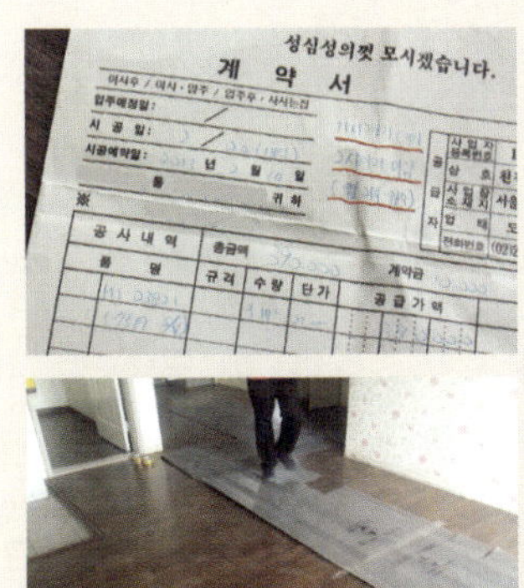

위. 장판 시공 계약서. '11시까지 대기, 2시까지 마감'이라고 표시되어 있다. **아래.** 이사 업체에서 손상을 방지하기 위해 보양재를 깔고 이삿짐을 옮겨주었다.

이사 후. 시간적으로 도배와 장판 두 가지를 할 수 없어 장판만 시공했더니 꽃무늬 벽지가 어질어질하다. 무언가 잘못된 것 같지만 이게 맞다. 그리고 셀프인테리어는 이제 시작이다.

1. 벽등, 스위치 플레이트 등의 거추장스러운 것들을 떼어내고 못 자국을 정리한다.

2. 벽지용 페인트를 칠한다.

3. 벽 마감재로 걸레받이 몰딩을 붙였다. 걸레받이 몰딩은 보통 마루 작업에 붙이는 자재이고 장판에는 보통 장판을 말아 올리거나 굽도리테이프를 붙이곤 하는데 거실과 주방 같은 경우는 가급적 걸레받이를 붙여 장판이라도 마루 마감 같은 느낌을 내고자 하는 편이다.

4. 낡은 문과 몰딩도 칠해준다.

5-6. 떼어낸 벽등과 스위치 플레이트를 교체해준다. 둘 다 두 번째 전셋집 발코니와 거실에서 교체해 사용하던 것을 다시 떼어왔다.

장판을 교체한 상태에서 걸레받이 몰딩으로 마감한 후 벽을 칠하고 벽등과 스위치 플레이트를 교체했을 뿐이다. 두 번째 전셋집에서 만들어봤던 헌팅트로피도 옮겨 붙였다. 꽃무늬 벽 사진과 비교했을 때 베이스의 정리가 얼마나 중요한지 알 수 있다.

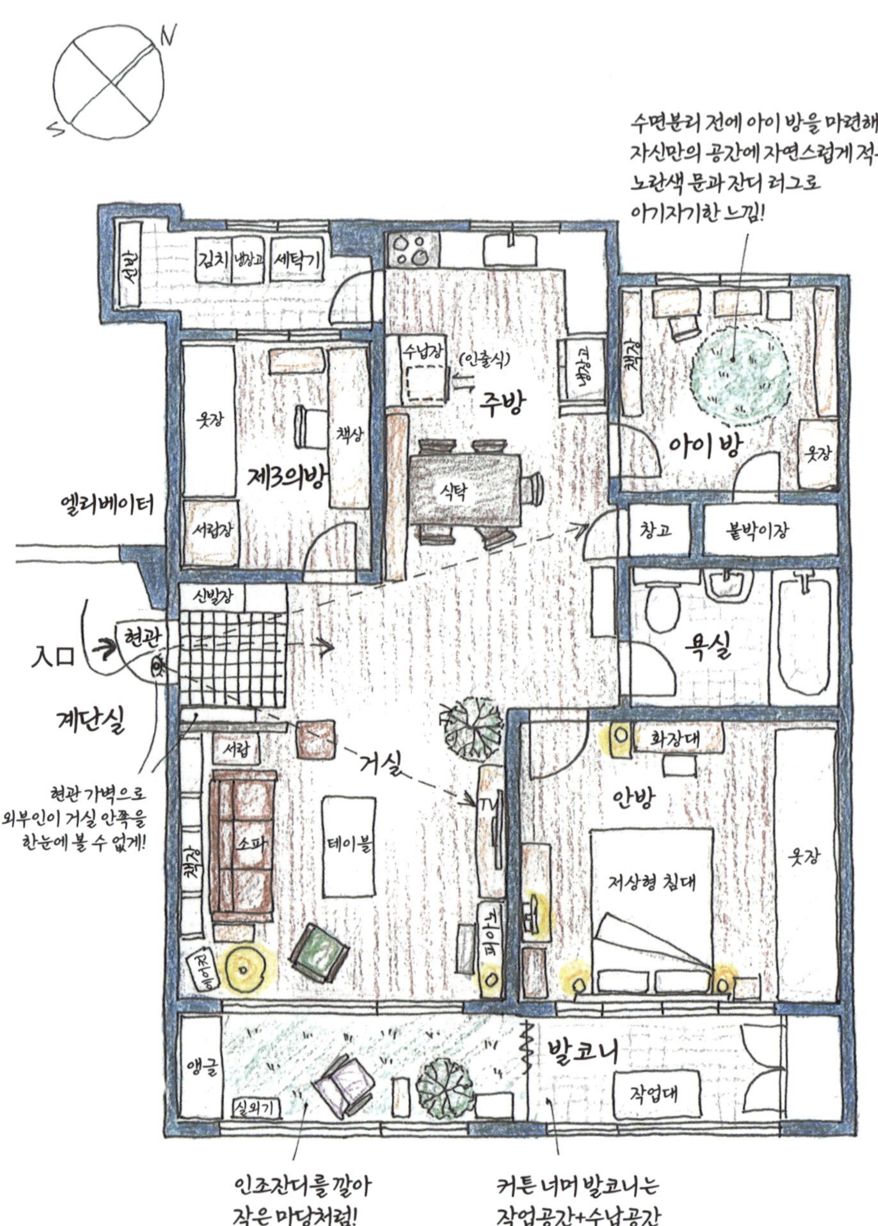

N
S
수면분리 전에 아이 방을 마련해
자신만의 공간에 자연스럽게 적응케 했다.
노란색 문과 잔디 러그로
아기자기한 느낌!
김치냉장고
세탁기
옷장
책상
제3의방
서랍장
엘리베이터
수납장
(인출식)
주방
식탁
아이방
옷장
창고
붙박이장
욕실
入口
현관
신발장
계단실
현관 가벽으로
외부인이 거실 안쪽을
한눈에 볼 수 없게!
서랍
거실
소파
테이블
TV
화장대
안방
저상형 침대
옷장
발코니
앵글
실외기
작업대
인조잔디를 깔아
작은 마당처럼!
커튼 너머 발코니는
작업공간+수납공간

▰현관

20평형대 후반의 계단식 아파트 현관은 거실 한 귀퉁이에 툭 하니 던져진 것 같은 공간입니다.

두 번째 전셋집에는 작지만 중문이 달린 현관실이 있어 외부와 한 번쯤은 완충해주는 역할을 했는데, 현관문만 열리면 외부인에게 화장실 문부터 거실 전부가 노출되는 이 구조는 쉽게 포기되지가 않았습니다. 특히 어린아이가 위생적이지 못한 현관 쪽으로 쉽게 기어 넘어갈 수 있는 것도 문제고요.

내 집이라면 무조건 가벽을 설치하고 중문을 달아 현관실을 만들었겠지만 전셋집이니만큼 가벽 정도만 세워보기로 합니다. 이후에 다음 집에서 활용할 수 있도록 아이디어를 넣어서요. (그리고 다섯 번째 전셋집에 이 가벽을 이용해 결국 중문이 달린 현관실을 만들게 됩니다. 여태껏 다섯 번째 집 이야기만 몇 차례나 나왔네요. 다섯 번째 집에서는 도대체 무슨 일이 일어나는 걸까요?)

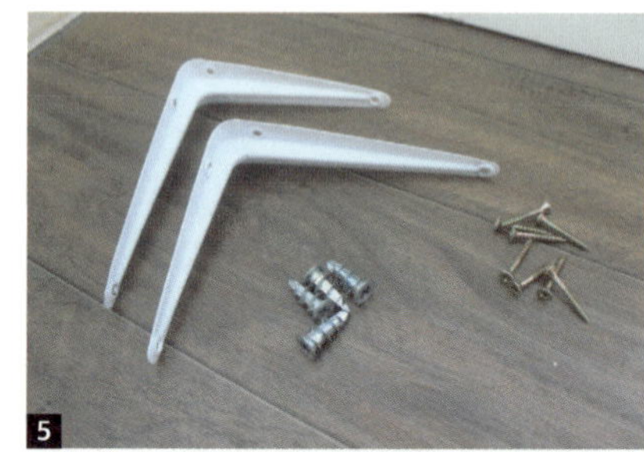

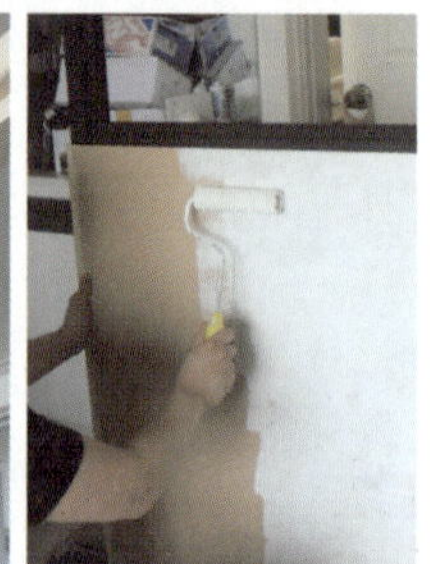

1. 전체적인 모양과 구조가 될 틀을 만들어준다. 구조재는 골조용 건재목재를, 하단부를 둘러쌀 판재는 6mm MDF 합판을 크기에 맞게 재단 주문했다. 구조재는 나사못으로, 판재는 쫄대못으로 결합한다.

2. 유리가 들어갈 상단부는 유리를 잡아줄 쫄대를 붙인다. 전체적으로 칠해준다.

3-4. 상단부에는 시야를 가려주면서 채광에 방해를 받지 않도록 유리가게에서 불투명 유리를 재단해와 끼워준다. 먼저 붙인 쫄대에 유리를 기댄다. 반대쪽에도 마저 쫄대를 붙여 고정한다.

5. 가벽 제작은 되었는데 벽에 어떤 방법으로 고정하느냐 고민 끝에 선반 렉을 이용하기로 한다.

6. 가벽을 바닥과 직각으로 설치하는 선반이라고 가정해 가벽의 구조재로서 힘을 받는 위, 아래, 중간의 가로 목재에 선반 렉을 연결하고 벽에 나사못으로 고정한다.

1-2. 벽을 칠한다. 낡은 현관문을 칠판 페인트로 칠해주었다.

3. 현관 옆 방문은 파란색으로 포인트를 준다. 페인트로 마감된 방문은 다시 원래의 색으로 칠할 수 있기에 부담 없이 변화를 준다.

4. 하얗게 칠한 신발장 위로는 첫 번째와 두 번째 전셋집 화장실의 수납장 문짝으로 썼던 합판을 적당히 잘라 올려주었다.

5-6. 가벽의 유리창에 격자 작업을 추가한다. 긴 쫄대를 직각으로 연결해 유리에 양면테이프로 붙였다.

현관 가벽 설치 및 주변 정리 후. 가벽은 선반 렉으로만 고정하기에 구조적으로 부족한 면이 있어 무게가 큰 책장, 서랍장과 추가로 연결해서 더 튼튼하게 고정했다.

이사 갈 때 떼어갈 수 있는 가벽을 설치한 현관. 거실 소파에 다소 편한 복장(?)으로 앉아 있을 때 갑자기 열리는 현관문 소리에 더 이상 화들짝 놀라지 않게 되었고, 밤에 소파에 앉아 있어도 현관 센서등이 쓸데없이 켜지지도 않게 되었다. 두 번째 전셋집에서 만들었던 폭 좁은 협탁도 현관 안쪽에 적당한 자리를 찾았다. 협탁 아래로는 아이의 작은 신발이 일렬횡대로 놓여 있다.

거실

폭이 좁았던 두 번째 전셋집에 비하면 좀 더 거실다운 거실을 만났던 세 번째 전셋집입니다. 소파와 TV가 있는 전형적인 거실이긴 하지만, 은근히 자리를 많이 차지한다는 이유로 방 안으로 들어갔던 피아노가 거실로 나오게 되고, 점점 늘어나는 책들을 수납하기 위해 거실 한 면으로는 전면책장을 두게 되면서 거실이 가족 모두의 공용 공간으로서의 역할을 충실히 할 수 있게 되었습니다. 아이가 책을 읽을 수 있는 시기에 아이를 위한 작은 독서 공간을 만들어준 일이 추억으로 남았네요.

이사 초기의 거실. 기존에 사용하던 패브릭 소파를 치우고 새 소파가 올 때까지 거실에 테이블을 두고 지낼 때가 있었다. 소파 없이 오히려 더 큰 테이블을 두고 북카페처럼 지내도 괜찮겠다는 생각을 했다.

우드와 블랙의 심플한 배치로 여러 가지 요소가 섞여 있음에도 눈이
어지럽지 않길 바랐다. TV장은 어반웍스 제품.

첫 번째 전셋집에서 직접 만들어 두 번째 전셋집에선 밝게 칠해 사용하
던 기존의 책장을 필요한 크기만큼 옆으로 연장해 전면책장을 만들기로
했다. 나름의 모듈 가구였던 셈.

좌. 첫 번째 전셋집에서 직접 만들
었던 책장.
우. 두 번째 전셋집에서는 리페인
팅으로 색을 바꿔 사용했다. 여기
에 두 칸 더 연장하기로 한다.

1. 기둥이 될 목재는 라왕 각재, 수납장은 15mm 소나무 집성재, 중간중간 책의 선반이 될 목재는 24mm 두께의 삼나무 판재.

2. 문이 열리는 형태의 수납장을 먼저 만든다.

3-4. 수납장 옆면에, 옆에서 볼 때 月자 형태의 기둥을 만들어 수납장과 고정하는 방식이다.

5-6. 중간중간 책이 올라갈 판재를 기둥 사이에 연결한다. 색을 칠해준다.

7. 가로 한 칸의 책장 완성, 모듈 책장의 기본형이다. 여기에 한 칸 더 연결해준 게 이미 만들어뒀던 두 칸 책장이다.

8. 기존의 두 칸 책장과 새로 만든 한 칸 책장을 세워두고 중간 간격만큼의 크기로 24mm 판재를 연결해주면 빈 벽의 크기에 딱 맞는 전면책장이 완성된다. 연결 선반에 마저 색을 칠하면 완성. 중간의 연결 선반들만 분리하면 어렵지 않게 또 이동해서 쓸 수 있다.

거실 한가운데 턱 하니 붙어 있는 형광등은 기껏 공들여놓은 분위기를
한방에 헤치는 요소이다. 그래서 밤에는 플로어스탠드나 테이블램프
등의 조명을 필요한 만큼 켜서 지냈는데, 아무래도 어린아이가 있으니
좀 더 전체적으로 은은하게 공간을 밝힐 수 있는 간접조명을 고민하게
되었다.
일반적으로 거실 천장에 간접조명을 넣는 방법으로는 우물천장이라고
불리는, 입 구(口)자 모양의 위로 움푹 들어가는 천장을 만들어 그 안으
로 조명을 넣는 방법이 가장 널리 쓰인다. 또는 목공공사를 통해 천장
가까이 틀을 만들고 그 안으로 조명을 올리는 시사시라고 불리는 작업
을 하기도 한다.
세 번째 전셋집은 우물천장으로 들어간 게 아니라 오히려 아래로 튀어
나오는 형태로 되어 있었다. 천장 공사나 시사시 등의 거창한 작업 없이
일부에라도 간접조명을 넣기 위해 커튼박스를 활용하기로 했다.

홈스타일링을 도와줬던 지인의 오피스텔.
우물천장을 활용한 간접조명.

전주 한 에어비앤비의 간접조명. 보통은 벽에서 옆으로 목재 틀을 내는 방식
으로 목공작업을 하는데, 이 경우는 천장에서 아래로 틀을 내어 조명을 넣는
독특한 방식을 썼다.

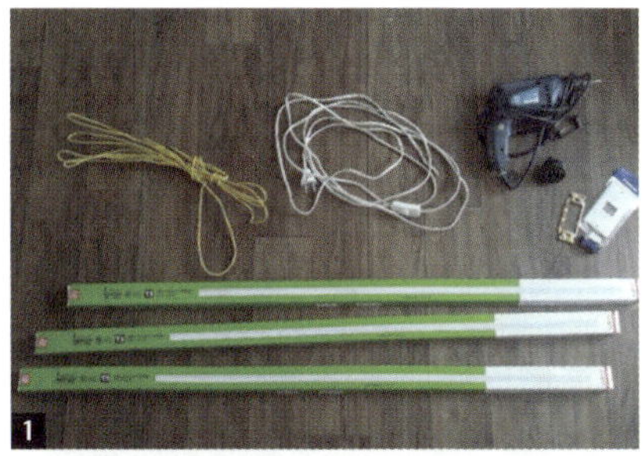

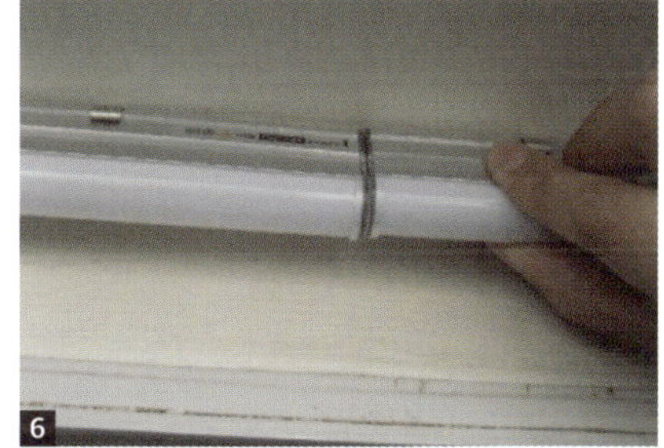

1. 영원한 간접등의 동반자 T5 LED 조명과 스위치+플러그가 연결된 전선, 전동드라이버를 준비한다.

2. T5 LED 조명의 구성품: 등기구 본체, 연장케이블, 연장용 부속, 브라켓, 나사못 등.

3. 커튼박스 안 빈 공간에 조명을 설치한다.

4. 나사못으로 브라켓을 천장에 고정한다.

5. T5 LED 등기구 본체를 딸깍 소리가 나도록 브라켓에 끼워주면 천장에 고정된다.

6. 필요한 개수만큼 직렬로 연장해준다. 제품에 따라 연장용 부속을 따로 끼워 넣어야 하는 것도 있고 아예 연장용 부속이 등기구에 고정되어 있는 것도 있다.

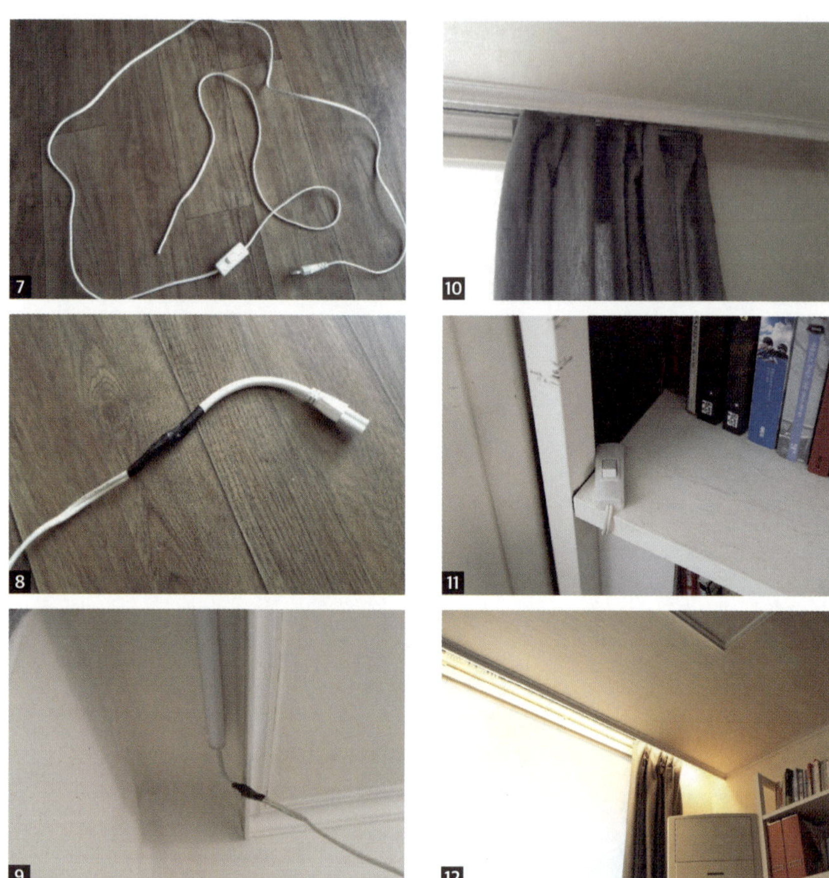

7. 등기구에 전원을 연결하기 위해 스위치와 플러그가 연결된 전선을 준비한다. 필요한 길이만큼의 전선에 스위치와 플러그를 연결하면 되는데, 요즘은 이 구성으로 이미 연결된 제품도 쉽게 구할 수 있다.

8. T5 LED 구성품 중 연장케이블 하나를 이용해 중간을 잘라 전선 끝에 연결한다. 이렇게 한쪽 끝은 등기구에 꽂을 수 있는 연장용 케이블이, 다른 한쪽 끝은 콘센트에 꽂아 전원을 연결할 수 있는 플러그가, 그리고 중간엔 스위치가 연결된 전선을 준비한다.

9-10. 먼저 천장에 설치한 등기구 끝에 연장케이블을 연결해준 후 커텐 뒤로 전선을 잘 숨겨주며 내려 플러그를 콘센트에 꽂아준다.

11. 손이 닿는 적당한 곳에 스위치를 위치하면 완성. 소파에 앉은 상태로 켜고 끌 수 있도록 책장 한쪽에 고정했다.

12. 불이 켜지는 걸 확인한다. 간접조명이므로 광원이 직접적으로 눈에 잘 띄지 않도록 최대한 커튼박스의 턱 쪽에 붙여주는 게 팁!

커튼박스에 T5 LED 조명을 활용해 간접조명 넣어주기.
다른 아이템들과 마찬가지로 이사할 때 쉽게 해체 및 재설치가 가능하다.

.5 17

주방

거실과 마찬가지로 20평대 후반의 계단식 아파트 하면 가장 쉽게 떠올릴 수 있는 주방.

이사 들어온 날 주방 정리를 담당하시던 아주머니는 낡은 싱크대의 삐걱거리는 문들과 찌든 기름때들과 한참을 씨름하시다가 한숨을 푹 내쉬셨지요. 저렴하게 마감된 상판, 문과 서랍은 헐거워진 나사못 덕분인지 각각 어긋나 있었고요. 중간에 누군가가 리폼을 하다가 실패했는지 서랍에는 필름지가 거칠게 발라져 있고 일부는 또 떼어진 흔적들, 손잡이들도 제각각입니다. 낡고 변색된 타일과 창틀, 누렇게 기름때 낀 다용도실 문까지….

그러나 희망을 가져봅니다. 몇 번의 경험상 가장 큰 단점이었던 공간이 애정을 곁들이면 나중엔 가장 빛나는 공간으로 환골탈태할 가능성이 크더라고요. 마치 미운 오리 새끼처럼 말이지요.

일단은 깨끗한 주방을 만들기로 합니다. 싱크대와 뒷벽을 포함해 인접한 다용도실 문과 창문틀을 비롯해 낡은 벽을 깨끗하게 정리해주고 전체적인 손잡이들을 통일시켜 줍니다. 특히 하부장은 기존 서랍이며 문짝들의 상태가 노후되어 벌어진 곳들도 있고 시트지를 붙였다 떼어낸 자리의 접착제가 딱딱하게 굳어 있어 어두운 계열의 색으로 칠해줍니다.

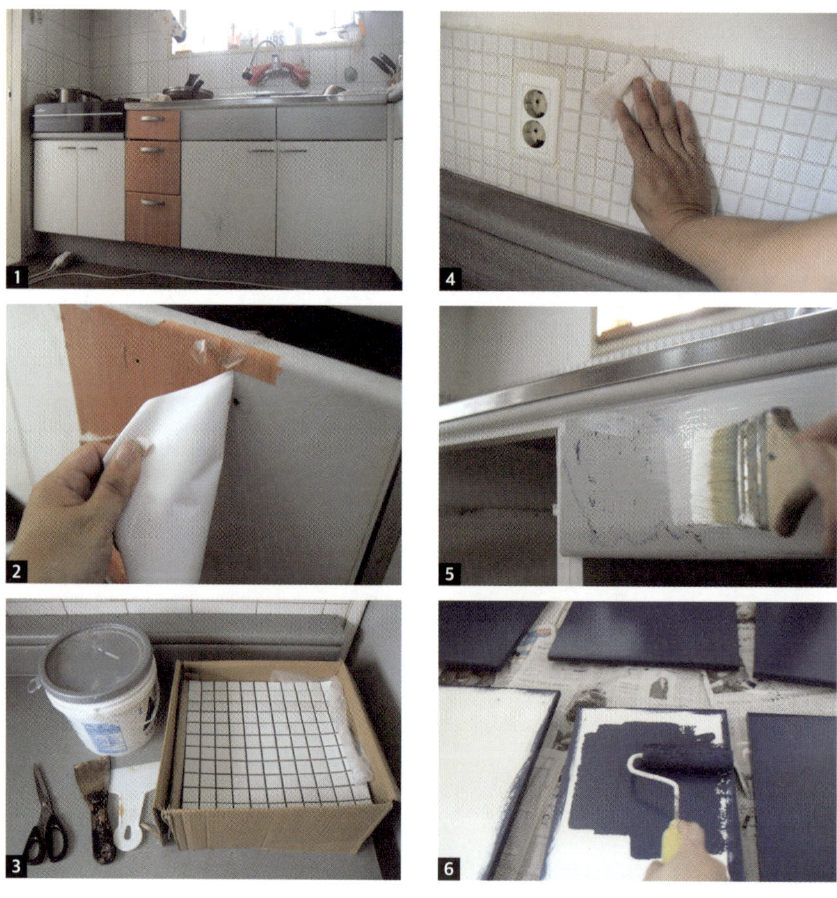

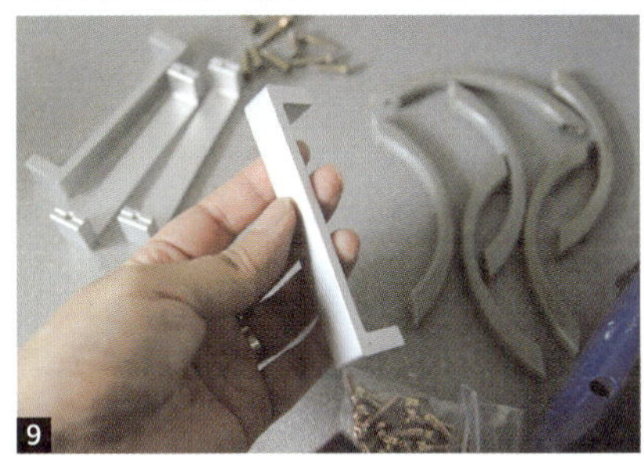

1. 저렴한 스테인리스 상판과 PT 상판. 서랍과 문짝들은 아귀가 제대로 맞지 않는 상태이다.

2. 필름지는 일부 시공하다가 실패했는지 일부만 남아 있어 아예 제거했다.

3-4. 먼저 벽타일 작업을 한다. 음식물이 튀는 정도의 높이까지는 모자이크 타일을 바르고 그 위는 퍼티로 면 작업을 했다.

5. 음식물과 기름이 튄 다용도실문과 싱크대 하부장에 페인트칠을 한다. 손잡이를 제거한 후 먼저 젯소를 한 번 칠한다.

6. 싱크대 하부장과 문짝 등은 모두 떼어내 짙은 청색 계열로 페인트를 조색해 칠한다.

7-8. 독특하게 상부장 위에 몰딩이 있는 형태. 상부장 문짝의 색과 비슷한 색으로 칠해주었다. 얼룩진 창턱 위에는 좁게 켠 합판 한 장을 올려 바니시로 마감한다.

9. 등갈비 뼈다귀 같던 손잡이들은 모두 저렴하지만 심플한 디자인의 기본 손잡이로 교체. 개당 2천 원가량 하는 싱크대 손잡이는 기존 손잡이의 상태가 좋지 않다면 무조건 바꾸는 것을 추천!

10. 공사 없이 그저 벽 정리와 컬러 정리, 손잡이 교체만 했을 뿐인 싱크대. 주변이 정리되고 나니 낡아 보이기만 했던 구식 후드가 오히려 빈티지한 듯 예뻐 보였다.

1. 두 번째 전셋집처럼 싱크대 상부장 아래에 스위치가 달린 T5조명을 설치했다.

2. 따뜻한 느낌의 조명을 단 후에도 상부장 상판이 칙칙해 보이고 냉장고와의 간격이 벌어져 있어 이를 메울 겸 원목 상판을 올리기로.

3. 사이즈 맞춰 재단해온 소나무 집성목으로 상판을 만들고 바니시로 마감해 기존 상판 위에 얹어주는 방식이다.

4. 냉장고와의 간격도 없앴다. 원목 상판만 들어내면 원상복구할 수 있다.

물이 잘 닿지 않는 곳만 원목 상판을 올려 따뜻한 느낌을 낸 싱크대.
기존의 스테인리스 상판과 잘 어울린다. 중간에 전세 기간을 연장하면서 하부장
을 좀 더 차분한 컬러로 칠해보기도 했다. 다음 집인 네 번째 전셋집에서는 상판
을 교체해보기도 하였으니 궁금하면 네 번째 전셋집의 주방 파트(p186)로!

싱크대와 냉장고가 위치한 벽 이외의 빈 벽, 이곳을 어떻게 사용하느냐에 따라 주방의 분위기가 결정된다. 기존에 이사하기 전부터 가지고 있던 가구들 중 와인장과 확장형 조리대를 이용해 상부에는 와인장과 진열장이 있고 하부에는 오븐과 밥솥 등을 보관할 수 있는 다용도 수납장을 만들기로 했다.

주방의 빈 벽은 페인트칠로 정리해놓았다.

이전 집에서 테이블 옆에 고정해 수납용으로 사용했던 와인장과 아일랜드 바 안에 넣어 쓰던 확장형 오븐수납장을 결합할 예정이다.

132

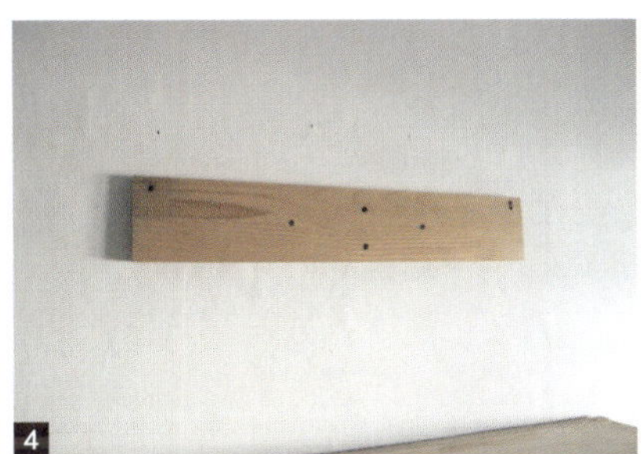

1. 코어합판 18mm를 적당한 크기로 재단, 주문해 먼저 확장형 조리대가 들어갈 하단부를 만든다. 왼쪽 빈 공간으로 기존의 확장형 조리대가 들어가게 되고 오른쪽 공간으로는 새로 만든 서랍들이 들어가게 되는 간단한 구조.

2. 몸체를 칠하기 때문에 메꾸미나 퍼티 등으로 면 정리를 하고 상판으로는 18mm 소나무 집성목을 얹었다.

3-4. 처음부터 이동을 생각해 세 부분으로 분리해서 만들어주었던 와인장의 첫 번째 칸을 올리고, 수납장이 앞으로 넘어오는 걸 방지하기 위해 두 번째 칸을 올리기 전 긴 목재를 벽에 고정해준다.

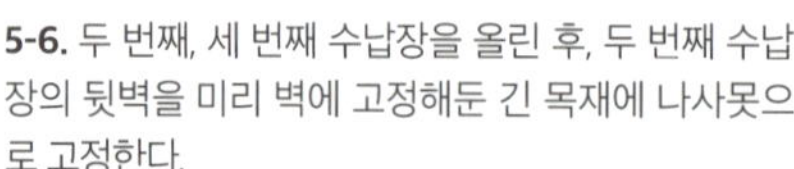

5-6. 두 번째, 세 번째 수납장을 올린 후, 두 번째 수납장의 뒷벽을 미리 벽에 고정해둔 긴 목재에 나사못으로 고정한다.

7-8. 3개의 수납장을 하나처럼 보이도록 검은색으로 칠한 합판을 둘러준다.

9. 원래 가지고 있던 확장형 오븐수납장을 끼워 넣어 완성한다.

기존의 확장형 조리대와 와인장의 폭이 달라 어떻게 조화를 시킬까 고민하다가 확장형 조리대 옆으로 서랍처럼 넣었다 뺄 수 있는 수납공간을 한 칸 더 만드는 걸로 결론을 내렸는데 나쁘지 않은 선택이었던 듯. 제일 윗칸은 자주 쓰는 컵 등을 넣고 두 번째 칸은 자주 열고 닫는 쌀통을, 세 번째 칸은 보관용 쌀통을 넣었다.

확장형 조리대는 손잡이가 아래 부분에 있어서 잡아당기면 쑤욱 하고 빠져나온다. 좁은 주방에 요만큼의 공간도 감사하다.

아이가 자라면서 한참 살림이 늘어가는 시기. 구축 아파트는 수납공간이 늘 아쉽다. 다음 집으로 이사 갈 때 쉽게 옮길 수 있는 아이디어를 넣어서 저렴한 기성 수납장을 연결해 하나의 커다란 수납공간을 만들어본다.

1. 와인장을 두고 남은 빈 벽의 길이가 1,800mm 정도 되었다. 인터넷에서 신발장으로 판매되는 폭 600mm 사이즈의 저렴한 기성 수납장을 3개 구입해 나란히 두었다. 따로 노는 수납장의 윗부분을 하나의 큰 상판으로 덮어준다. 접합 부위가 잘 보이지 않는 장점이 있는 18mm 두께의 칠레파인 집성판재를 철천지에서 재단, 주문했다.

2. 위에 18mm의 넓은 상판을 올리고 주변을 좁게 켠 목재로 돌려주어 신발장 3개를 흔들림이 없이 잡아줌과 동시에 넓은 상판의 휨을 방지해주고 두꺼운 판재로 마감한 느낌을 줘서 고급스러움을 가미할 것.

3. 바니시를 칠하고 다시 고운 사포로 샌딩하기를 몇 번 반복하여 올려주면 두툼한 상판으로 마무리한 수납공간 완성.

4. 상판의 크기만 신발장 3개를 잘 물어주도록 신경 써서 만들면 나사못으로 따로 연결해주지 않아도 흔들림이 없다. 이사 갈 때 상판만 들어올리면 신발장까지 4개로 분리해 쉽게 들고 가서 다시 조립할 수 있다.

수납장 앞으로 식탁을 두고 사용했다. 식탁을 놓다 보니 어쩔 수 없이 수납장의 문이 반가량 가려질 수밖에 없는데 가려지는 문 안쪽으로는 자주 사용하지 않는 그릇이나 빈 용기 등을 보관했다.

주방 옆에 위치하게 된 아이 방. 아이 방문 바로 옆이 냉장고 자리였는데 훤하게 드러난 냉장고 옆면 덕분에 차가운 느낌이 들었다. 하얀색도 아니고 회색도 아닌 것이 부피는 또 어찌나 큰지…. 그늘이 떡 하니 져서 모처럼 노랗게 칠한 방문의 색도 제대로 살아나지 않았다. 냉장고 옆면을 정리해주는 한편 아이의 눈높이에 맞는 가벽을 설치해주기로 한다.

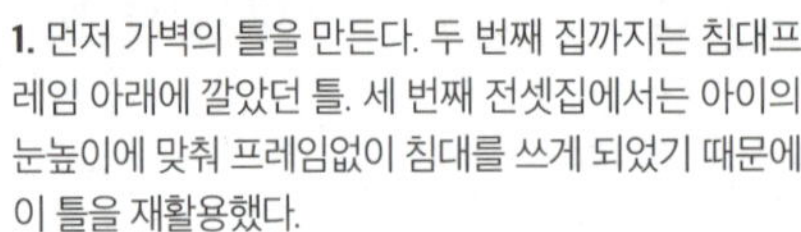

1. 먼저 가벽의 틀을 만든다. 두 번째 집까지는 침대프레임 아래에 깔았던 틀. 세 번째 전셋집에서는 아이의 눈높이에 맞춰 프레임없이 침대를 쓰게 되었기 때문에 이 틀을 재활용했다.

2. 싹 분해해서 가벽 사이즈로 다시 틀을 만든 후 한쪽에 9mm 두께의 MDF 합판을 붙인다. 현관 가벽을 만들었을 때는 앞뒷면이 모두 보이기 때문에 합판으로 틀을 한바퀴 감싸주었지만 냉장고 가벽은 한면이 냉장고에 가려지기 때문에 바깥쪽에서 보이는 부분만 마무리했다.

3-4. 가벽을 어떻게 고정할까 고민하다가 힘을 받지 않는 벽이라 자극이 없는 비초산 실리콘을 이용해 상부의 일부는 냉장고에, 바닥면 쪽의 일부는 장판 위에 붙여주고, 벽쪽으로만 ㄱ자 꺽쇠를 이용해 상단에 나사못 하나를 박아 고정하기로 했다.

5-6. 가벽과 같은 색으로 페인트를 칠하고, 책선반 등으로 장식한다. 두 번째 전셋집 소파 뒤에 설치했던 진열선반을 가벽 폭만큼 잘라 설치했다.

아이 방 입구 냉장고 가벽 완성. 이제야 좀 아이 방 입구스러워졌다.

어른의 눈높이에는 어른의 물건을, 아이의 눈높이에는 아이의 물건을 두었다. 눈높이에 맞는 진열선반에 그때그때 책을 바꿔두면 변화를 발견하고 오며가며 눈에 띄는 책들을 들고 읽어달라고 왔던 기억이 난다. 아빠가 책 읽어주는 걸 좋아하던 딸아이였다.

주방 서랍장 리폼하기

현관을 열고 집에 들어서면 정면으로 보이는 욕실 문과 창고 문. 어쩌면 집의 첫인상은 현관이 아니라 이곳일 수도 있다. 크기가 제각각인 문과 문틀을 벽과 같은 흰색으로 칠해 색감을 통일시키고 손잡이와 스위치를 교체해 시선을 정돈한 후 빈 벽에 맞는 주방 서랍장을 두었다. 첫 번째 신혼집에서 두 번째 전셋집까지 사용하던, 기성품 책장에 서랍을 직접 만들어 끼워 넣었던 수납장에서 서랍 부분만 빼서 다시 리폼한 것.

1. 이 중 3개를 이용해 틈새 수납장을 만들었다. 나머지 1개는 따로 리폼했다.

2. 화장실과 창고 문 사이에 딱 맞춰 만들기 위해 폭을 좀 더 늘린 후 2단 선반을 올렸다. 재활용한 서랍은 6년이라는 세월의 시간만큼 황변 현상이 와서 새로 작업한 부분과는 이질감이 느껴진다. 색감을 맞춰볼까 하다가 옛것과 새것이 서로 조화를 이루어주길 바라는 마음에 그대로 마무리했다.

서랍장 위 2단 선반은 책을 꼽거나 진열할 수 있는 공간. 그릇이나 물컵 등을 올려놓으면 그릇장으로도 사용이 가능하다.

폭이 좁은 문을 단 수납공간에는 욕실용품과 휴지 등을 수납했다.

주방 옆에 딸린 방이지만 자기 방으로 오고 가는 어린 딸아이의 낮은 시선이 이쁘고 아기자기한 느낌으로 기억되길 바랐다.

아이 방

아직 수면 독립을 하지 못한 어린아이에게 꼭 자기 방이 필요하다고 하기는 어렵겠지요. 그러나 아이의 방을 만들어주고 싶었습니다. 돌이켜보면 제가 어렸을 때에도 내 물건들로만 가득 찬 내 방이 있었으면 좋겠다는 생각을 했거든요.

다행히 이사를 하며 작게나마 아이 방을 만들어줄 수 있게 되었는데, 작다고 손이 덜 가는 건 아닙니다. 오히려 작은 오차 때문에 가구가 들어가지 않는 경우가 있으니까요.

먼저 공간을 정리해줍니다. 꼭 필요한 가구는 점점 커나가면서도 계속 사용할 수 있을, 유치하거나 유행에 편승하지 않고 집 전체와 어울리는 가구를 마련해줍니다. 어릴 때 정들여가며 사용했던 아이의 가구가 하나쯤은 오랫동안 남아있으면 어떨까 싶었지요.

바구니형 서랍장과 옷장은 이로부터 10여 년이 훌쩍
지난 지금도 아이 방에서 사용하고 있다.

주방 옆에 위치한 작은 방. 보통 이 방에 작은 발코니가 딸려있거나 창 너머로 다용도실이 있는 경우가 일반적인데, 이 방은 덜렁 방 하나만 있는 구조였다.

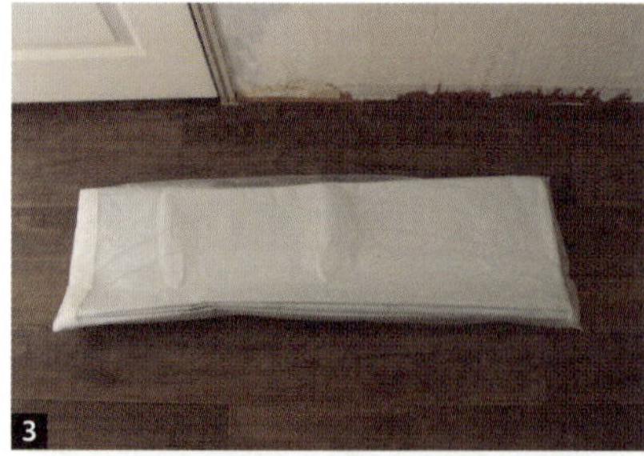

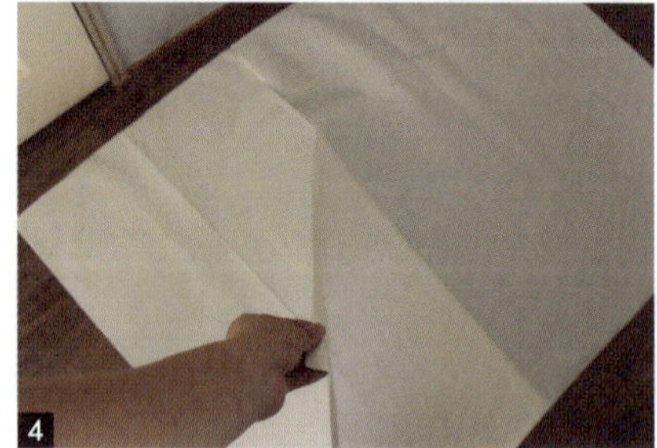

1-2. 분홍 벽지, 낡은 하늘색(이었을) 몰딩, 연고동 문틀과 베이지색 문짝의 조화도 난감했지만, 특히 분홍색 벽지는 몇 번을 덧발랐을지 모를 기존의 벽지들과 일체화된 상태로 벽에서 떨어져나오고 있어서 셀프 도배를 결정했다. 먼저 기존의 벽지들을 뜯어낸다.

3-4. 풀 바른 벽지를 준비한다. 인터넷으로 주문하면 원하는 길이대로 잘린 촉촉하게 풀을 먹은 벽지가 하루 만에 도착한다. 그냥 벽지보단 살짝 비싸지만 벽지 자르고 풀 개고 발라서 적셔놓고 하는 과정 없이 스티커처럼 바로 바르면 되니 방 하나 셀프로 도배하는 데에는 풀 바른 벽지를 추천한다.

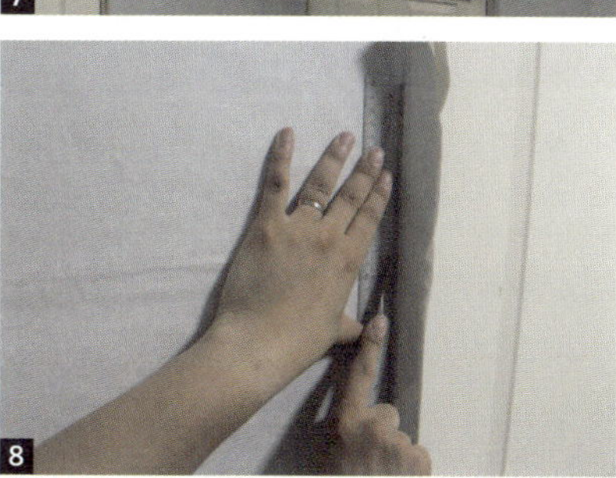

5. 스위치 커버나 콘센트 커버 등은 미리 떼어둔다.

6. 벽지는 옆선을 잘 맞춰 마른 수건을 이용해 위에서 아래로 小 자를 그리듯이 발라주는게 팁!

7. 옆 벽지와는 약 5~10mm가량 겹쳐가면서 아래로는 약간 여유를 남겨 붙여준다.

8. 자에 칼을 대고 함께 이동하며 불필요한 부분을 잘라낸다.

9. 바닥 장판은 이사 날 미리 시공을 했기 때문에 도배를 다 바른 후에는 굽도리테이프를 바닥과 벽 사이에 붙여준다.

10. 장판과 같은 컬러의 굽도리테이프를 골랐다. 스티커 방식이라 어렵지 않게 붙일 수 있다.

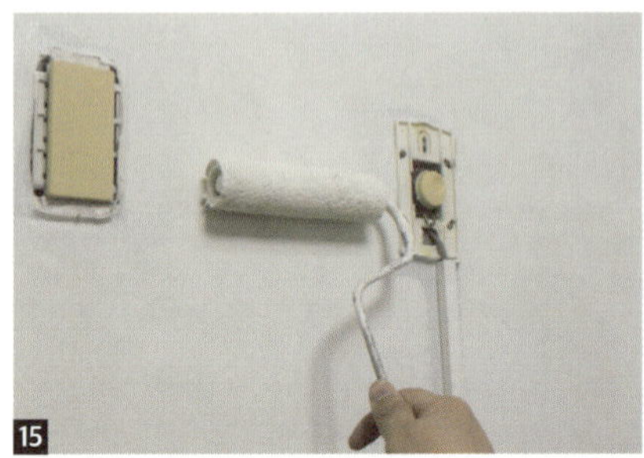

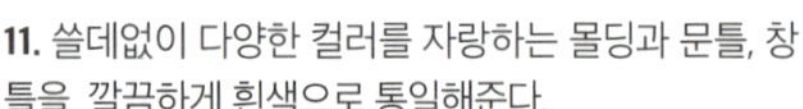

11. 쓸데없이 다양한 컬러를 자랑하는 몰딩과 문틀, 창틀을 깔끔하게 흰색으로 통일해준다.

12-13. 아이 방에 붙박이장이 하나 있었다. 기존 붙방이장 자리에는 MDF 합판에 칠판 페인트를 칠한 후 문에 붙여 낙서할 수 있는 공간을 만들어주었다.

14. 방문은 노랗게 칠해주었다. 다시 페인트를 칠하면 원래의 색으로 돌려놓을 수 있기 때문에 현관 옆 방과 함께 부담 없이 포인트를 주었다.

15. 벽 한 면은 흰색 페인트로 칠해 공간이 열린 듯한 느낌을 주었다.

16. 도배를 위해 떼어냈던 색바랜 콘센트 커버와 스위치를 락카 스프레이로 하얗게 칠해 다시 붙여주었다.

도배와 장판, 페인트칠만으로 완성한 아이 방. 책장과 그 위에 둔 집 모양 선반은 따로 주문한
목재와 자투리 나무 등을 이용해 직접 만들었다.

옷장도 수납장을 들이고 남은 폭에 맞춰 만들었다. 이 때는 2열로 걸 수 있을 만큼 작았던 아이 옷들인데 지금은 중간의 봉을 빼고 1열로 걸어야 할 만큼 커버렸다.

인디언텐트와 냉장고, 싱크대 구성의 주방놀이도 아빠와 엄마가 틈틈이 만들어본 것들이다. 아이에게 무언가를 직접 만들어서 준다는 아날로그한 추억을 아이뿐만 아니라 우리에게도 남겨주고 싶었다.

돌아보면 아이에게 방을 만들어준다는 핑계로 아빠와 엄마가 딸에게 해주고 싶었던 로망을, 또는 우리가 어렸을 때 경험하고 싶었던 로망을 실현했던 시기였구나 싶다. 어느덧 중2가 된 딸을 보다가 이 사진을 보니 복숭아 같은 볼, 오동통했던 뒤태가 그리워졌다.

안방

찢어진 장판, 지저분한 벽, 낡은 몰딩과 창호, 변색된 스위치와 보일러 조절기, 그리고 등커버도 없이 스카치테이프로 천장에 위태위태하게 걸려있는 형광등까지… 이전 거주자가 이삿짐을 빼고 덩그러니 남겨놓은 안방은 도대체 몇 년이나 애정 어린 손길이 닿지 않고 방치되었을까 싶을 정도로 쓸 만한 요소가 단 하나도 없었습니다. 화룡점정은 안방의 창문에 있었지요. 자그마치 유리창이 아닌 구멍이 숭숭 뚫린 창호지로 마감한 창문이라니….

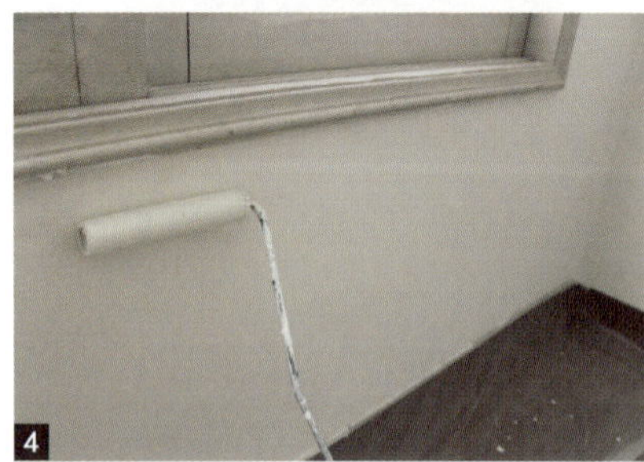

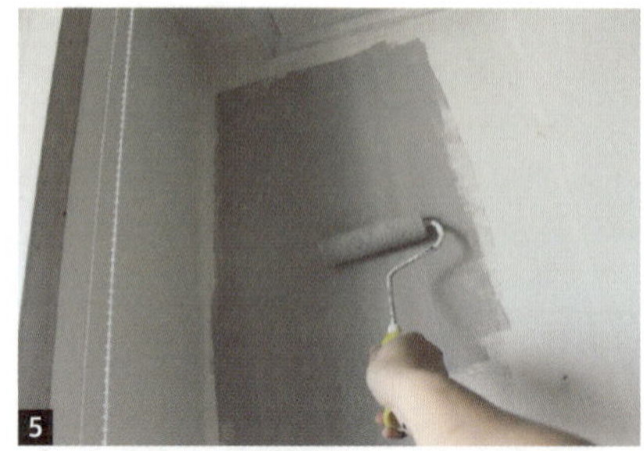

1-2. 군데군데 찢어진 창호지들을 테이프로 수선하고 롤블라인드를 설치해 시선을 정리한다. 이전 집보다 안방 창문이 커서 이전 집에서 사용하던 블라인드가 창을 모두 덮기에 모자란다. 롤블라인드 앞쪽으로 모자란 공간을 가려줄 겸 침대 폭만큼의 알루미늄 블라인드를 설치한다.

3. 날씨가 좋은 날은 창들을 가운데로 모으면 블라인드가 가려 깔끔한 창의 느낌을 주기도 하고 알루미늄 블라인드를 조절해 빛의 투과량에 변화를 주기도 한다.
주의! 다만, 아이가 있는 집에서는 블라인드를 올리고 내리는 끈을 잘 정리해야 한다. 아이의 손이 닿지 않는 적당한 위치에 묶어두고 사용한다.

4. 창호는 블라인드로 정리했지만, 변색된 벽 상태가 너무 좋지 않았다. 밝은 미색 페인트를 조색해 칠한다.

5-6. 한쪽 벽은 회색으로 칠해 차분한 느낌을 더해준다. 변색된 스위치와 보일러 조절기도 교체하는 등 불필요한 요소들을 하나씩 지워나간다.

더하기보다는 빼는 데 집중했던 안방. 옷장 위 빈 공간을 이용해 거실의 커튼
박스에 설치한 것과 같은 방법으로 간접조명을 넣었다.

유아기의 아이와 함께 자던 시절이라 침대프레임을 치우고 매트리스만 두었
다(기존의 침대프레임은 이어지는 '제3의 방'에서 알뜰하게 사용된다). 잘 때
는 옷장과 매트리스 사이에 도톰한 요를 깔아 아이의 취침 공간을 마련해주
었다.

첫 전셋집부터 ㄷ자 형태로 만들어 다리 길이만 달리해 계속 써오던 침대헤드. 좁은 집에서 헤드가 차지하는 공간을 절약하면서 선반의 역할을 겸하도록 디자인했기에 핸드폰이나 안경 등을 올려놓기엔 좋았지만 편하게 기대어 책을 읽기엔 다소 불편했다. 마침 침대프레임을 치워 저상형으로 쓰기로 했으니 침대에 변화를 줄 겸 헤드를 리폼한다. 리폼 후 편히 기댈 수 있는 동시에 독서등을 연결했다.

1-2. 이사 초반엔 침대프레임을 뺀 만큼 다리 길이만 잘라 낮게 사용했다. 블라인드만큼의 폭을 남겨두고 기존의 헤드를 톱을 이용해 반으로 자른다.

3. 마침 다른 곳에서 테이블 상판으로 사용하던 아카시아 목재 판재가 있었기에 이를 활용하기로. 이 판재에 기존의 침대헤드를 반으로 잘라준 것을 구조재 삼아 고정한다.

4-5. 침대헤드에 기대어 책을 읽는 게 리폼의 주목적이
니만큼 헤드에 조명도 달아준다. 준비물은 클립형 조명
(이케아) 2개와 2구형 멀티 콘센트.
클립으로 헤드에 물려준다. 헤드 뒤에 구조재를 어느 정
도의 폭을 두고 댄 이유가 기존의 블라인드 앞으로 헤드
가 나오게 해 깔끔하게 보이는 것과 동시에 클립형 조명
을 물려줄 여유 공간을 만들기 위함이었다.

6-7. 구조재가 안쪽으로 향하게, 테이블로 사용했을 때
의 윗부분이 바깥쪽을 향하게 세워주고 구조재 안쪽으
로 멀티탭과 전선을 정리해 넣는다. 침대헤드를 ㄱ자
꺽쇠를 이용해 벽 쪽에 고정해준다.

8-9. 조명 선을 헤드 뒤로 돌려 손이 쉽게 닿을 만한 곳
에 스위치를 위치한 후 밖으로 나온 멀티탭 선은 지저
분하게 보이지 않게 장판과 벽 사이의 굽도리테이프
아래를 살짝 들어 안쪽으로 밀어넣어 정리한다.

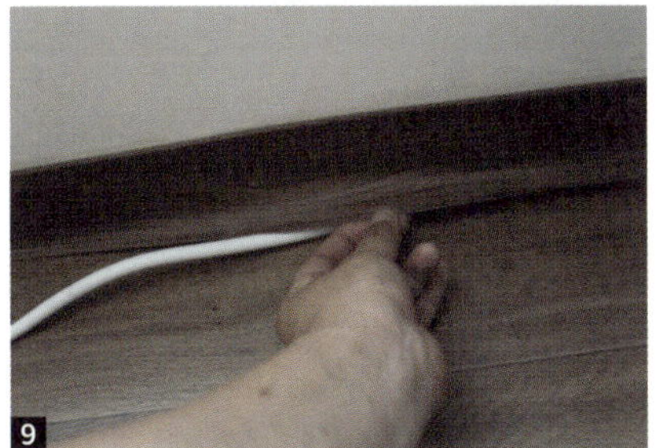

책 읽기 좋은 헤드를 설치한 저상형 침실 공간 완성.
두 번째 전셋집까지 TV장으로 쓰였던 나의 첫 DIY 가구는 침실에서 새로운 역할을 하게 되었다.
TV장 교체 전에는 거실에서 쓰던 작은 테이블이 혼자 베드 사이드테이블의 역할을 하고 있어서
책을 올려둘 공간이 부족했는데 덕분에 침실에 수납공간이 늘었다.
정해진 용도라는 건 없다. 그때그때 상황에 맞게 쓰임을 달리하는 재미가 있다.

낡은 보일러 조절기는 도저히 교체할 방법이 없어 폭이 깊은 작은 액자에 에너지 절약과 환경 보호의 메시지를 써 가려주었다. 'THINK ABOUT POLAR BEAR.' 보일러를 켤 때마다 멈칫하게 된다는 단점이 있다.

거실에 있는 보일러 조절기도 마찬가지였는데, '에너지를 절약하자'는 너무 재미없고 '홈 스윗 홈'은 낯간지럽고 'KEEP CALM AND CARRY ON'은 뻔하고…. 반팔, 반바지 입고 춥다고 보일러에 의존하지 말고 옷을 따뜻하게 입자는 메시지를 담았다. 피식 웃었다면 성공!

제3의 방 Extra Room

현관 앞에 위치한 아주 작은 방은 폭과 깊이 모두 2m가 겨우 넘는, 세 개의 방 중 가장 작은 방이었습니다. 3인 가구가 되면서 늘어난 옷가지와 침구류 등을 안방의 옷장과 아이 방의 작은 옷장으로만 해결하기엔 부족할 수밖에 없었지요.

방 한편은 옷장을 넣어 드레스룸처럼 활용하되 다른 한편은 작업공간을 두어 동시에 작업실로 활용하기로 합니다. 부부가 사용하는 안방, 아이가 쓰는 아이 방 이외에 방이 하나 남을 때 가장 선호하는 쓰임입니다. 옷이나 침구류, 취미용품 등 기타 수납을 보조하는 방은 평소에는 사용하지 않게 마련입니다. 크게 부피를 차지하지 않는 테이블을 놓는다면 독립적인 작업공간으로 쓰기에 적당하지요.

좌. 프레임을 놓고 사용하던 두 번째 전셋집 침대. 우. 프레임을 빼고 매트리스만 놓아 저상용으로 사용한 세 번째 전셋집 침대.

침대프레임을 분해하여 작업실로 꾸며본다.(뭔 소리야? 변신로봇도 아니고~ 싶으신가요?)

이 방에 새로 구입한 가구는 이케아에서 구입한 10만 원대의 옷장 정도. 가격 대비 성능과 디자인을 고려해 때론 가볍게 쓰다 치울 수 있는 저렴한 가구를 선택할 때가 있다. 책상, 선반, 서랍장 등 나머지 가구에 사용된 목재들은 신혼 때 직접 만들어 두 번째 전셋집까지 그대로 사용해오던 침대프레임의 목재와 부품들을 재활용했다.

이사를 하며 침대프레임을 해체했다. 아이를 안전하게 재우고 돌보기 위한 변화였다. 첫 번째 전셋집과 두 번째 전셋집을 거쳐 4년간 사용하던 침대프레임을 분해하면서 나사못 자국 등 흠집이 생기긴 했지만, 내가 직접 만들어 써오던 가구의 부품들이니 크고 작은 흠집도 나름대로 의미가 있다. 제작비용과 수고를 줄이는 효과는 덤이다.

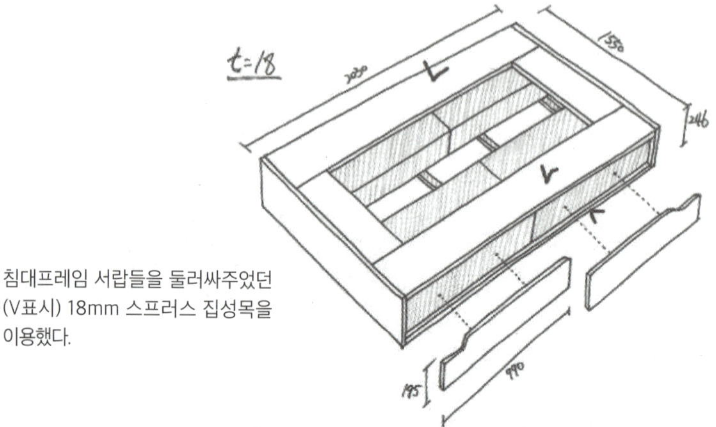

침대프레임 서랍들을 둘러싸주었던 (V표시) 18mm 스프러스 집성목을 이용했다.

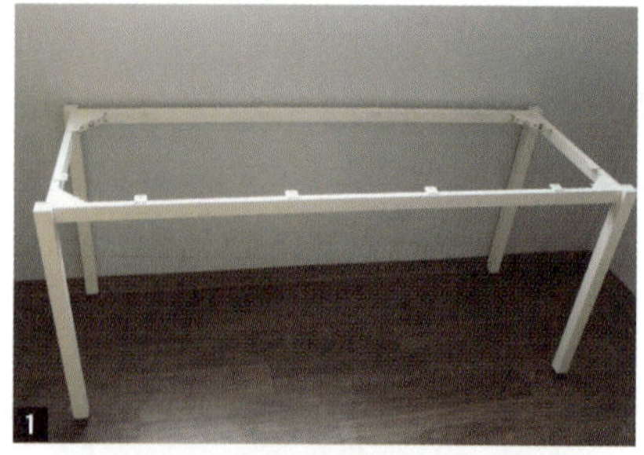

1. 길이 1,600mm, 폭 600mm의 테이블용 철재 프레임만 두닷에서 주문했다.

2. 상판으로 사용할 스프러스 집성목은 침대프레임 서랍들을 둘러싸주었던 부분을 이용한다. 필요한 길이만큼 남기고 잘라주었다.

3-4. 한 판이 아닌 4개의 긴 판재로 된 상판이기에 길이를 맞추기 위해 잘라줬던 목재를 아래에서 고정해 하나로 연결했다.

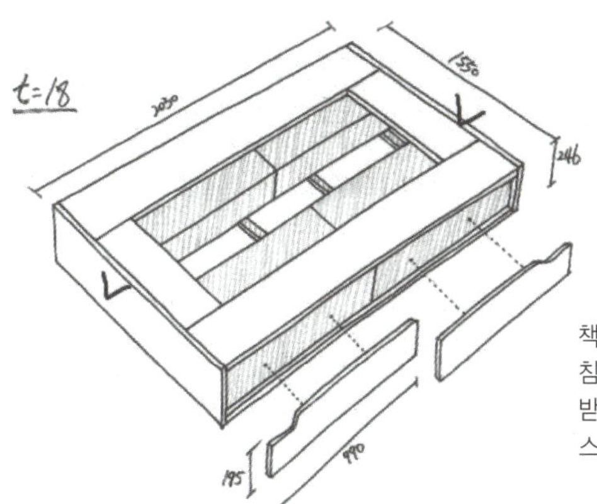

책상 길이와 비슷한 길이인 1,550mm의 찬넬 선반 역시 침대프레임에서 나온 목재들(V표시)을 활용했다. 모니터 받침대와 맞춤형 책꽂이도 자투리 나무로 만들었다. 플라스틱 의자와 철제 서랍은 이케아.

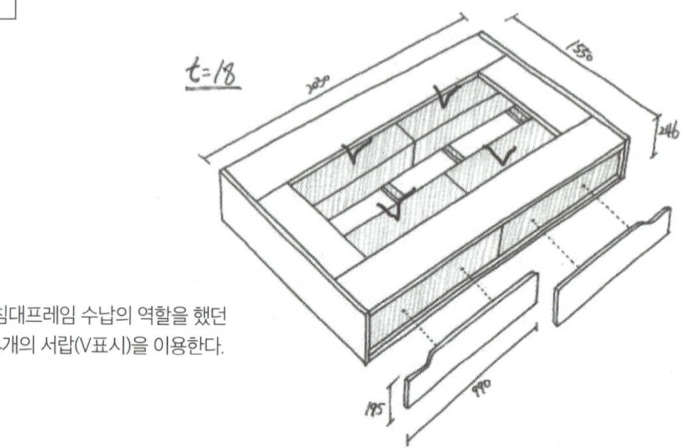

침대프레임 수납의 역할을 했던
4개의 서랍(V표시)을 이용한다.

1. 책상 맞은편으로 옷장을 놓고 남은 공간. 정확히 표현하자면 반대로 이 공간만큼을 남길 수 있는 크기의 옷장을 주문했다. 가구 다리의 역할을 해줄 철제 프레임을 '철자국'이라는 제작업체에 의뢰했다.

2. 그 위에 침대프레임으로 쓰던 서랍장을 하나씩 올려나간다.

3. 4개를 모두 올려나간다. 흔들림을 방지하는 동시에 나중의 이동을 위해 서랍장 사이사이에 두께감이 있는 양면테이프로 고정했다.

4. 마무리로 집성목 합판 18T(mm)를 샌딩과 바니시로 마감해 올려주면 4단 서랍장이 완성된다.

작은 공간일 경우 벽 한쪽으로 커다란 옷장이나 수납장이 놓일 때 벽 전체를 덮지 않고 일부를 열어두는 방법을 종종 쓰는데, 원래의 공간감을 느낄 수 있는 장점이 있다. 서랍장 상부는 공간을 열고 폭 좁은 3단 선반으로 작은 여유 공간을 만들었다.
수집품인 디자인체어 미니어처와 카메라 렌즈들, 시계나 지갑 같은 소지품들을 보관하기도 하고, 스타워즈 시퀄 시리즈가 개봉할 당시에는 덕심 삼아 잠시 스타워즈 레고 등을 늘어놓기도 했다.

욕실

욕실은 전셋집에서 셀프로 손을 대기 쉽지 않은 곳입니다. 깨끗이 청소하고 간단히 문짝의 페인트칠이나 조명이나 휴지걸이, 수건걸이 교체 정도로 욕심을 내지 않았습니다. 그러나 이번 욕실은 유행이 지난 타일이야 그렇다 해도 거울은 필요 이상으로 크고 문짝도 달려있지 않은 수납장은 지나치게 작았습니다. 거기에 수납장 일부는 물에 불어 썩기 시작했고 변기 위의 카운터형 세면대와 연결된 턱 부분은 파손이 있었고요. 그래서 거울과 수납장 쪽에만 집중해서 꼭 필요한 최소한의 리폼을 하기로 합니다.

최소한의 리폼으로 재단장한 욕실.

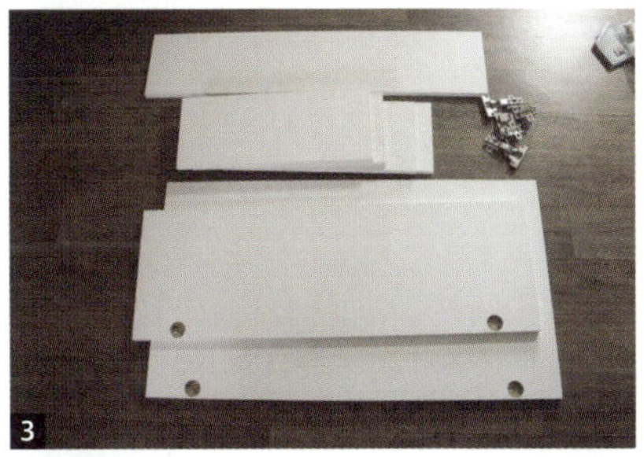

1-2. 거울에 비해 형편없이 작은 수납장. 그나마 하부는 물 때문인지 불어서 썩고 있었다. 불어서 일어난 부분을 칼로 잘라내어 다듬고 더 이상 불지 않도록 바니시를 칠했다.

3-4. 수납장을 추가하고 문짝을 달아주기 위해 싱크 경첩용 홈 가공이 포함된 18mm 백색 코팅 합판을 철천지에서 재단, 주문하고 싱크 경첩을 준비했다. 추가할 수납장의 형태를 만들어준다.

5-6. 추가할 수납장 아래로 지지대가 될 턱을 선반 형태로 달아준다. 그 위에 만들어둔 수납장을 올린다.

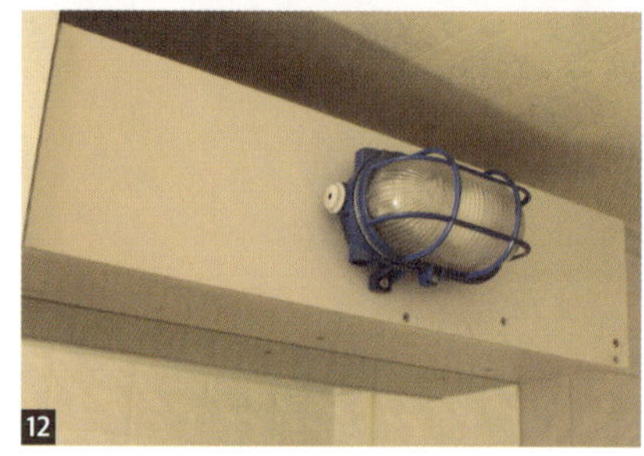

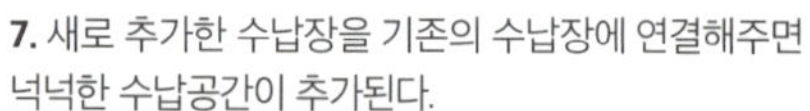

7. 새로 추가한 수납장을 기존의 수납장에 연결해주면 넉넉한 수납공간이 추가된다.

8. 싱크 경첩을 이용해 수납장에 문짝을 달아준다. 문짝을 재단, 주문할 때 싱크 경첩용 홈 가공을 요청했다. 전동드릴에 전용 홀쏘(씽크기리)를 이용하면 직접 홈을 뚫을 수도 있다.

9-10. 양쪽 문을 모두 달아준다. 깔끔한 양개문이 달린 수납장 완성!

11-12. 낡은 주방 조명이 등 커버도 없이 노출되어 있어 이곳도 정리하기로 했다. 코팅 합판으로 덮개를 만들고 그 앞으로 방수등을 설치한다.

수납장 리폼 외에는 간단한 작업으로 문과 몰딩을 칠하고 손잡이, 수건걸이, 휴지걸이 등을 교체했고, 아이가 편하게 화장실을 사용하도록 변기 앞에만 발매트를 두었다. 자그마치 장판 재질로 마감된 천장 등 아쉬운 부분도 많지만 전셋집에는 적당한 타협이 필요하다. (이때만 해도 몰랐다. 다음 집인 네 번째 전셋집의 화장실 천장은 장판도 아닌 불어터진 벽지 마감이었다는 것을!)

넉넉한 수납공간을 갖춘 욕실 완성. 욕실 조명에서 선을 하나 따서 수납장 아래에 간접조명을 추가했다.

발코니

아파트의 편리함에도 불구하고 단독주택의 꿈을 쉽게 버리지 못
하는 이유 중에 가장 큰 이유는 바로 마당을 갖고 싶어서일 겁니다.
그리고 아파트에서 그나마 단독주택의 마당의 역할을 해주는 곳이
발코니지요. 비교적 좁은 공간이긴 하지만 거실과 외부 사이의 작
은 여유 공간인 동시에 외기를 걸러주는 완충적인 역할을 하는 공
간이기도 하니까요.
어린 딸아이에게 마음은 넓은 잔디 마당을 마련해주고 싶지만 현
실은 아파트인지라 거실 앞 작은 마당 같은 느낌이라도 선물하고
싶어 발코니에 인조잔디를 깔아주었습니다. 캠핑 때 쓰는 의자와
작은 테이블로 휴식공간을 만들어봤지요.

딸 핑계를 댔지만 아빠도 가끔 캠핑 분위기를 내고 싶을 때 차 한 잔을 준비
해 향을 피우고 앉아 쉬기도 한다. 집에 온 누군가가 담배 피우기 최적의 공
간이라고 부러워했다. (응? 떼끼!)

전셋집이라 발코니에는 보통 화분을 놓아 청량감을 더하고 한쪽으로는 수납공간을 마련하는 정도로 마무리하는데, 이 집은 벽과 바닥의 타일이 너무 노후되어 낡은 느낌이었고 벽에는 겨울철 결로를 그대로 방치해 물때와 곰팡이로 지저분한 상태였다.

1. 인조잔디는 커터칼로 적당히 잘라 장판처럼 깔아주기만 하면 된다. 난이도 최하의 아이템.

2. 인조잔디를 깔고 블라인드로 전면을 가린 조립식 앵글과 에어컨 실외기를 배치한 발코니, 내 집이라면 깔끔하게 붙박이장을 넣고 에어컨 실외기도 창밖으로 설치했을 것. 현실과 적당히 타협하는 게 전셋집 인테리어의 미덕이다.

3. 안방의 창 쪽으로 연결된 베란다는 아이의 유모차며 빨래 건조대 등을 편하게 두고 사용하기 때문에 두 번째 전셋집과 마찬가지로 압축봉에 광목천으로 만든 커튼을 집게로 걸어 가려주었다. 인조잔디도 이 커튼 바로 뒤까지만 깔려 있다.

4. 곰팡이와 물때로 가득했던 발코니 벽은 락스로 닦아 말리고 흰색 페인트로 새로 칠해 새하얗게 다시 태어났다. 곰팡이 방지에는 적절한 환기가 무엇보다 중요하다. 분리수거함은 이케아.

딸아이의 공간이 조금 더 늘어났다.

꿈도 늘어나길 바랐다.

아이는 세 번째 전셋집에서
유아기를 온전히 보냈다.

나만의 인테리어 콘셉트를 찾아서

결혼을 하고 집을 구해 처음으로 전셋집 인테리어를 시작한 2008년도에 유행하던 셀프 인테리어 콘셉트는 '프로방스 스타일'이었던 것으로 기억합니다. 인테리어 관련 카페에 들어가면 마치 프랑스의 시골 마을에서나 봄 직한 디자인의 로맨틱한 가구와 레이스 달린 소품들, 방문마다 달려 있던 차양과 돌출형 벽시계를 수도 없이 볼 수 있었습니다. 내츄럴하고 목가적인 느낌의 빈티지 스타일인 동명의 일본 잡지 이름과 같은 소위 '컴 홈 스타일'의 유행도 뒤따랐지요. 그다음엔 기후가 척박하고 밤이 길어 집 꾸밈에 진심이었다는, 디자이너스 가구와 조명을 기반으로 한 '스칸디나비아 스타일'이 주목받았고, 최근엔 조금 더 실용적이고 간결한 디자인을 특징으로 한 독일의 '바우하우스 스타일'과 미국의 '미드 센츄리 모던 스타일'에 관한 관심이 커졌습니다. 중간중간 '쉐비 시크', '젠', '인더스트리얼', 아, '킨포크 스타일'의 유행도 잊으면 안 되겠지요. 여기에 전통과 레트로, 현대를 아우르는 한국적인 분위기를 더하는 스타일이 눈에 띄기도 합니다.

물론 유행과는 상관없이 자신만의 독보적인 개성을 뽐낸 집은 늘 시대를 초월해 존재하고 있었습니다. 공간 주인의 취향과 관심사가 마음껏 드러나는 집들… 개인적으로 가장 사랑해 마지않습니다. 유행에 따라 관심사가 몰려다니는 이전과는 다르게 시간이 흐르며 더 다양한 스타일의 인테리어가 사랑받고 시도되는 건 인테리어를 취미로 즐기며 다른 사람들의 살아가는 모습을 구경하는 걸 좋아하는 저로서는 분명 반가운 일이지요.

전셋집 인테리어가 추구하는 인테리어 콘셉트는?

인테리어 전문가는 아니지만 짧지 않은 시간 동안 인테리어에 관심을 갖다 보니 그동안의 주거공간과 몇 개의 상업공간을 셀프로 인테리어했습니다. 여러 유행들에 직간접적으로 영향을 받아가며 그 안에 저만의 개성을 담기 위한 고민도 함께 함께했지요. 작고 아담한 집에서 시작해 조금씩 구조와 크기를 달리하면서, 부부 둘만의 공간에서 아이를 낳고 키우는 공간으로 변화하며… 또는 소품샵을 준비하고 카페를 열고 스튜디오를 오픈하며 문득 나는 공간 안에서 어떤 스타일의 인테리어를 지속적으로 추구해왔는지 한 번쯤 돌아보게 될 때가 있었습니다.

그러다 어느 날《나의 문화유산 답사기》의 저자 유홍준 교수님이 상기시켜주신, 이제는 너무나 잘 알려진 구절이 마음에 와닿았습니다.

　　　'검이불루 화이불치 儉而不陋 華而不侈'

'검소하지만 누추하지 않고 화려하지만 사치스럽지 않게'라는 뜻의 이 여덟 글자를 처음 접했을 때 기본적으로 제가 삶을 대하는 태도와 맞닿아 있다고 생각했습니다. 살면서 의미 있는 소비를 할 때, 그리고 내 주변을 채워나가는 요소들을 선택할 때 대부분 이 범주 안에서 결정이 이루어지게 된다는 걸 자각하게 된 것이지요.

'검소'와 '누추', '화려함'과 '사치스러움'. 이 이질적인 단어들 사이에서 적정선을 찾아가는 중용의 미야말로 바로 제가 전셋집이라는 한계 안에서 셀프로 인테리어를 해온 십수 년간 일관되게 유지해온 인테리어 콘셉트였다는 자각. 콘셉트에는 단순히 시각적인 이미지를 넘어 자신이 유지해오고 추구해온 생활방식이 자연스럽게 투영되는 게 아닌가 하는 생각에 이르게 됩니다. 그러므로 앞서 유행했던 프로방스 스타일, 컴홈 스타일, 북유럽 스타일, 미드 센츄리 모던, 젠, 킨포크 스타일 같은 인테리어 트렌드는 대부분 시각적인 이미지에 있어서의 모방이나 참고에 그치지 않는, 그 당시 각 스타일들이 담고 있는 생활방식에 대한 동경 혹은 추구에 의미가 있었으리라 싶은 깨달음에 이르게 되었다면 너무 개똥 같은 철학일까요.

내가 원하는 인테리어 콘셉트가 어떤 건지 잘 모를 때, 도무지 감이 잡히지 않을 때는 이 물음에서부터 시작하는 게 어떨까요.

　　　당신의 인테리어 콘셉트는?
　　　유지하고자 하는 라이프 스타일은,
　　　추구하는 삶의 형태는 어떤 것인가요?

4-1

네 번째 전셋집

2017년 봄 ~ 2019년 가을

가장 넓고 가장 낡은 집에서
그동안의 노하우를
한껏 풀어내다

32평형 구축 계단식 아파트
거실, 주방, 방3, 화장실2

초등학생 아이가 있는 집

넓은 집의 베이스를

깔끔하게 정리해주고

낡은 욕실과 주방을

꾸준히 고쳐나갔다

OO1

아이의 진학에 맞춘 이사

세 번째 전셋집에서 2년의 계약 기간을 마치고 2년을 연장해 처음으로 한 전셋집에서 4년을 머물게 되었고, 어느덧 아이의 초등학교 진학이 다가왔습니다. 아직도 어리게만 보이는 아이가 찻길을 마주하는 일 없이 가까운 거리로 안전하게 학교에 오가고, 학원도 쉬 다닐 수 있는 적당한 곳을 찾게 되었지요. 이왕의 이사라면 좀 더 넓은 공간은 어떨까… 사심도 스멀스멀 올라오고요.

18평형 복도식 아파트에서 시작한 신혼살림은 25평형 복도식과 28평형 계단식을 거쳐 32평 계단식 아파트에 이르게 됩니다. 전셋집을 넓혀가는 일이 내 소유의 집을 넓혀가는 재미에야 미치겠습니까마는 그래도 생활공간이 확장되는 재미와 보람이 있었지요.

아이의 학교와 와이프의 일터를 크게 벗어나지 않으려다 보니 같은 동네 안의 비슷한 단지, 비슷한 구조의 구축 아파트였지만 미취학 아동이었던 아이의 육아에 맞추었던 아기자기한 세 번째 집과는 다른 분위기를 기대하며 이사를 준비했습니다.

다만 전체적인 상태가 그리 좋다고는 볼 수 없었습니다. 특히 전셋집에서 중요하게 생각하는 주방과 화장실의 상태가 좋지 못했지요. 여태까지의 경험을 살려 극복해나갈 수 있다고 호기롭게 마음먹고 계약을 하게 되었습니다.

이제는 구도시가 되어 재건축 이야기가 돌고 있는 1기 신도시의 아파트 구조는 90년대 중반에 지은 여느 아파트들과 비슷한 구조였습니다. 블로그에 집을 소개하면 저 멀리 부산에 살고 계시는 이웃분들도 본인이 살고있는 아파트와 똑같다고 할 정도였으니까요. 세 번째 전셋집과 비슷한 구조에 공간이 조금씩 넓어지고 안방에 화장실이 하나 더 추가된, '30평형대 계단식 구축 아파트'라는 말만으로도 구조를 가늠할 수 있는 집이었습니다.

웹상에서 구한 배치도가 반대라 이미지를 반전시켰다.

세 번째 전셋집처럼 장판만 깔기로 했다. 이사 당일에 장판 시공하는 요령은 세 번째 전셋집에서 정리했기에 사진으로 간단히 과정만 살펴본다.

1-2. 작업 전. 방마다 다른 장판이 깔려 있었다. 심지어 안방은 낡은 장판 아래 콩기름 바른 한지(?) 바닥이 한 겹 더 있었다.

3-4. 안방과 거실을 같은 장판으로 깔면서 문턱 제거도 진행했다. 장점은 시각적으로 깔끔하고, 물리적으로 걸림이 없다는 것. 단점은 바닥 사이에 틈이 발생하여 차음효과가 떨어진다. 작은 방 두 개는 문턱을 제거하지 않았다.

5-6. 거실에서 안방까지는 포세린 타일 모양의 장판을 깔아 공간이 자연스럽게 이어지게 했다. 아이 방과 다용도로 쓸 방은 일반적인 마루 무늬의 장판으로 시공했다.

네 번째 전셋집에서는 포세린 타일 느낌의 장판을 사용했습니다. 요즘은 장판도 기본 마루 모 양 이외에 헤링본 무늬 또는 타일 모양까지 다양한 디자인으로 나오니까요. 흔하게 사용하는 느낌이 아니어서인지 집을 소개했을때 많은 관심을 받았었지요.

장판이든 마루든 자재를 고르는 가장 좋은 방법은 작은 샘플만으로 선택하는 것보다 넓게 깔린 시공사례를 찾아보는 걸 추천합니다. 시공 후의 느낌이 샘플을 보고 기대했을 때와 전혀 달라질 때가 있거든요.

LX하우시스의 '지아사랑애3.2'

장판은 크게 브랜드와 두께에 따라 가격 차이가 나는데 사진 속 포쉐린 타일 모양의 장판의 경우 전셋집에 흔히 까는 2mm 전후의 두께가 아닌 3mm대의 두께로 가격이 좀 더 나가는 편이었습니다. 이 경우 일반적인 장판보다 무늬가 커서 모양 맞추기도 쉽지 않고 시공하며 발생하는 로스(잘려지는 부분)도 많다고 합니다. 두껍다 보니 날이 추울 때는 말려있는 상태로 딱딱해지는 정도도 심해 너무 추운 날에는 평평하게 펴기도 만만치 않다고. 비싼 이유가 있네요.

완성해놓고 보니 꽤 고급스럽습니다. 두께와 질감이 받쳐주어서 평평하게 잘 깔린 곳은 타일 느낌이 제대로 납니다. 번들거리지 않고 무광에 가까우며 맨살에 달라붙는 느낌도 없었습니다. 너무 딱딱하거나 차가운 촉감, 줄눈 오염도 덜 수 있고, 가격도 타일에 비하면 훨씬 저렴한 편이지요.

단점은 장판치고는 비싼 편이라는 것. 4년 이상 살 생각이라서 선택했는데, 전세 기간에 대한 고민이 필요해 보입니다. 2mm 두께 전후였다면 부담이 덜했을 것 같습니다. 보통 장판보다는 딱딱한 편이지만 무거운 가구를 오래 두거나 의자를 옮기면 다리 밑에 약간의 자국이 남는 건 어쩔 수 없습니다. 이 집의 경우 안방까지 이 장판으로 까느라 문턱을 제거하고 연결해 시공했는데 문턱 제거한 부분의 마무리가 제대로 안 되어서인지 그 부분의 시공 상태는 썩 마음에 들지 않습니다.

결과적으로는 좋은 선택과 경험이었습니다. 임대인도 은근히 좋아했고요.

이사 날 저녁. 어지럽게 꽂힌 콘센트와 전선들은 살면서 천천히 정리하기로 한다.

장판 작업을 끝내고 이삿짐까지 옮긴
거실. 아직 누르스름한 벽지와 낡은 회
색 몰딩이 눈에 띈다.

벽에 큰 구멍이 하나 뚫려 있었다. 임대인의 관심과 임차인의 애정을 받지 못한 이 집의 이미지를 보여주는 한 예. 상처 입은 유기견을 어루만져주는 마음으로 집의 상처를 다듬어준다고 생각한다.

벽 정리와 보수 작업은 두 번째 전셋집, 세 번째 전셋집과 같다. 이사 후의 작업이라 짐을 조금씩 옮겨가며 해야 하는데, 옷장이나 냉장고처럼 무거운 가구나 가전이 자리할 벽은 가능한 이삿짐이 들어오기 전에 일부라도 칠해둔다면 훨씬 수월하다.

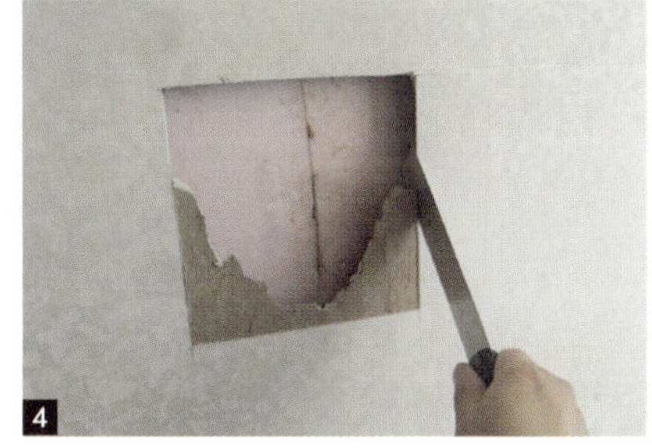

1. 걸레받이를 붙이고 벽지용 페인트를 칠해 벽을 정리한다.

2-3. 거실 벽 쪽의 주먹만 한 구멍을 충분히 덮을 수 있는 크기로 MDF 합판을 잘라 준비한다. 이 합판으로 구멍을 덮은 후 벽에 그대로 모양을 표시한다.

4. 커터칼과 줄톱을 이용해 표시된 모양대로 깔끔하게 잘라낸다.

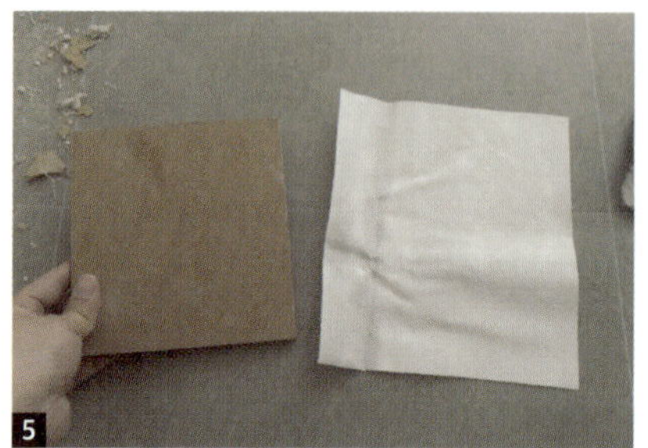

5-6. 합판보다 조금 더 큰 벽지를 준비한다. 벽지에 합판을 붙이고 풀을 칠해 잘라낸 모양대로 꿰맞춰 구멍을 막아준다.

7-8. 드라이기 온풍을 이용해 빨리 말려준다. 다른 벽과 마찬가지로 벽지용 페인트를 칠해주면 감쪽같이 완성!

정리되기 전의 벽이

이렇게 변신!

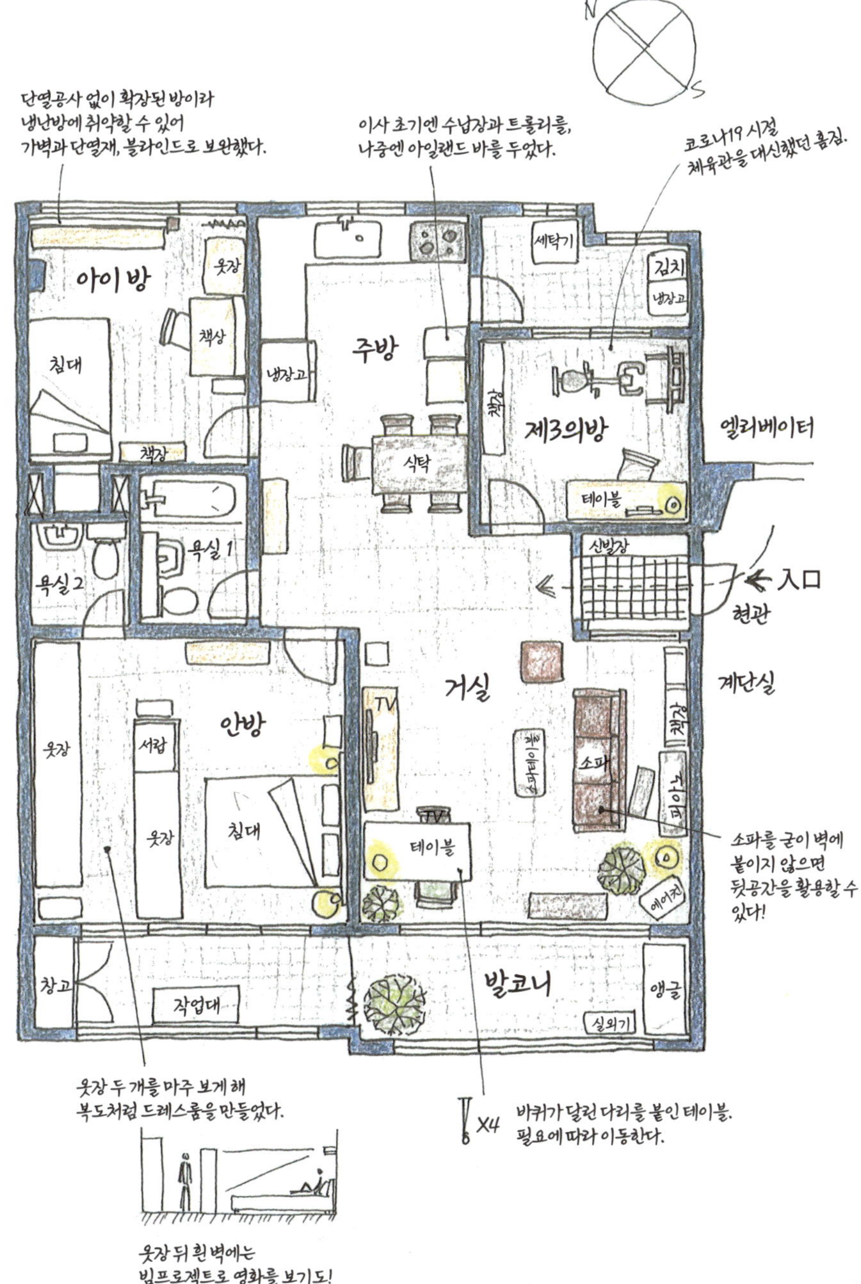

N
S
단열공사 없이 확장된 방이라
냉난방에 취약할 수 있어
가벽과 단열재, 블라인드로 보완했다.
이사 초기엔 수납장과 트롤리를,
나중엔 아일랜드 바를 두었다.
코로나19 시절
체육관을 대신했던 홈짐.
아이방
옷장
책상
침대
책장
냉장고
주방
세탁기
김치
냉장고
제3의방
엘리베이터
식탁
테이블
신발장
入口
현관
욕실 1
욕실 2
계단실
거실
안방
TV
서랍
옷장
옷장
침대
TV
플레이테이블
소파
에어컨
테이블
소파를 굳이 벽에
붙이지 않으면
뒷공간을 활용할 수
있다!
창고
작업대
발코니
앵글
실외기
옷장 두 개를 마주 보게 해
복도처럼 드레스룸을 만들었다.
X4
바퀴가 달린 다리를 붙인 테이블.
필요에 따라 이동한다.
옷장 뒤 흰 벽에는
빔프로젝트로 영화를 보기도!

거실

거실에는 소파가 중심이 되는 휴식공간, 집에서 일하는 시간이 많은 와이프의 업무공간, 와이프와 아이가 모두 즐겨 사용하는 피아노를 둘 공간이 필요했습니다.

TV와 소파가 마주 보는 평범한 공간 배치에서 테이블과 피아노를 어떻게 하면 조화롭게 둘 수 있을지 고민한 끝에 소파를 벽에서 적당히 떼고 피아노를 벽 쪽에 배치했습니다. 거실에 공간이 어느 정도 확보된다면 소파를 벽에서 떼어보는 선택을 한번 해보는 것도 색다른 경험이 될 수 있습니다.

이사 전의 거실.

피아노를 벽에 붙이고 간격을 두어 소파를 놓았다. 액자는 액자용 와이어를 이용해 벽이 아닌 몰딩에 걸어 벽에 구멍을 뚫는 일을 최소화했다.

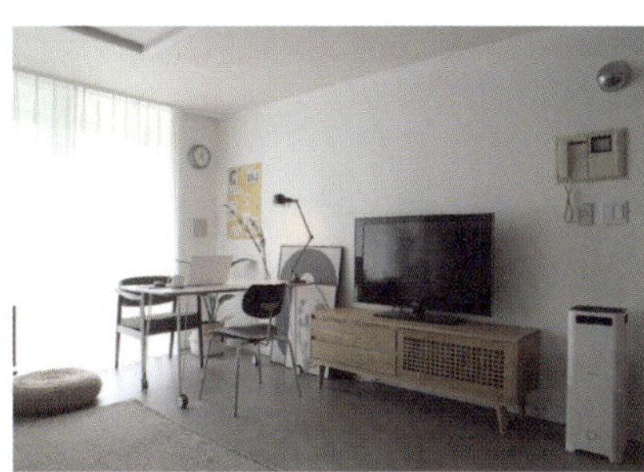

30평형대 거실에서는 소파를 벽에서 떼어도 TV 사이에 충분한 공간이 나온다. 오히려 적당히 아늑해지는 느낌.

이동이 쉬운 바퀴 달린 테이블. 이케아에서 상판과 다리를 각각 구입해 조합했다. 검은색 의자는 mk2에서 구입한 에곤 아이어만의 se68 빈티지.

포세린 타일 무늬의 장판 덕에 비슷한 가구와 가전을 가지고 있는데도 이전 집과는 다른 분위기가 난다. 초록색 의자는 논현동 가구거리에서 구입했다.

3층이라 바깥의 수목이 보이는 게 좋았다. 여름엔 초록이 가득하고 가을엔 단풍이, 겨울엔 하얗게 핀 눈꽃이 감탄을 자아내곤 했다. 집에 머무는 시간이 많은 와이프는 나무 때문에 어둡다고 느낄 때가 종종 있었다고 한다. 가족 각자의 취향이 다르므로 층과 향, 창밖의 풍경은 이사 시 중요한 고려 사항이다.

주방

가장 좋아하는 주방의 모습은 거실과 자연스럽게 어우러진 위치, 주방이 거실의 일부분이 된, 혹은 주방이 집의 중심인 구조입니다. 요즘에는 이런 구조를 선호하는데, 연식이 있는 주거 형태에 있어서 주방과 거실이 분리된 경우가 많지요. 특히 과거의 주방은 거실에 비해 위치나 크기에 있어서 홀대를 받았던 게 분명한 듯 좁고 어두운 경우가 많습니다.

구축 아파트의 주방도 거실과 안방에 비해 좁고 긴 구조와 작은 창으로 인해 쾌적함과는 거리가 느껴지는 공간인 경우가 많지요. 어쩌다 보니 구축 아파트를 전전하게 되면서 늘 이 고민을 해결해보려던 게 숙제였지요.

문짝의 아귀가 잘 맞지 않는 아일랜드 바 때문에 냉장고와 식탁을 놓을 자리도 마땅치 않았다. 임대인과 이야기해 치우기로 했다.

바닥과 벽을 정리하고 조명을 교체했다. 펜던트 조명은 이사 갈 때 어렵지 않게 떼고 붙일 수 있어 선호하는 아이템 중 하나. 조명은 루이스 폴센의 PH5, 식탁 세트와 아이용 의자 모두 이케아. 식탁 세트는 정말 많은 관심을 받았는데 오래전 절품되어 지금은 구할 수 없다.

첫 집부터 네 번째 전셋집까지 잘 따라다니고 있는, 직접 만든 광파오븐·밥솥 전용 수납장과 스테인리스 트롤리를 나란히 두어 간이 작업대를 만들고 그 위에 조명을 설치한 선반을 달았다. 목재와 금속 재질로 이루어진 각각의 아이템이 조화롭게 잘 어울린다. 스테인리스 트롤리도 이케아. 이 또한 구하고 싶다는 사람이 많았는데 현재는 아쉽게도 품절.

폭이 좁은 구축 아파트 주방에서는 덩치 큰 냉장고를 어디에 두느냐가 중요하다. ㄱ자로 꺾인 싱크대가 있거나 키 큰 수납장이 있는 주방이라면 그쪽에 연결해 냉장고를 두고 최대한 한쪽 벽이라도 공간을 열어주는 게 좋다. 이사 초기에는 한쪽 벽을 그린 계열로 칠했다. 페인트는 쉽게 분위기를 바꿀 수 있고 다시 칠해 원래의 색으로 되돌릴 수 있어서 과감한 시도를 해보곤 한다.

안방

20평 후반대의 구축 아파트와 30평 초반대의 구축 아파트는 놀라울 정도로 닮은 구조입니다. 차이라면 30평대에는 안방 전용 화장실이 붙어있고 그만큼 안방의 크기가 좀 더 크다는 점입니다.

신축 아파트처럼 이왕이면 커진 안방에 아담하게나마 드레스룸이라도 있으면 좋을 텐데 그저 클 뿐이지요. 안방의 옷장만으로는 늘 수납공간이 부족해 여태껏 다른 방에 여분의 옷 수납공간이 필요했었는데, 이번에는 옷장과 침대만 덩그러니 놓기에는 필요 이상으로 넓어진 안방 안에 나름의 드레스룸을 구현해보고자 했습니다.

이사 전 안방.

장판과 벽 작업을 마친 후의 안방.

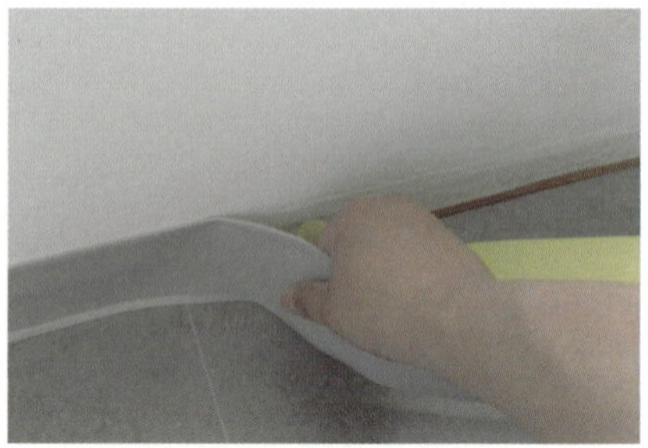

굽도리테이프로 벽을 마무리했다. 거실과 주방 쪽 걸레받이는 시각적으로 보이는 부분이 많아 제대로 걸레받이를 둘렀고 각 방은 가구로 가려지는 부분이 많아 굽도리테이프로 간단히 정리한다. 컬러가 중요한데, 목재 느낌의 난색 바닥에는 비슷한 느낌의 굽도리테이프를, 타일 느낌의 한색 바닥에는 회색의 굽도리테이프를 권장한다. 이도 저도 애매할 땐 흰색도 괜찮은 선택지이다.

세 번째 전셋집의 침실 가구들이 그대로 넘어온 이사 초기. 암막 커튼을 달기 전, 가지고 있던 블라인드와 커튼을 레이어드했다.

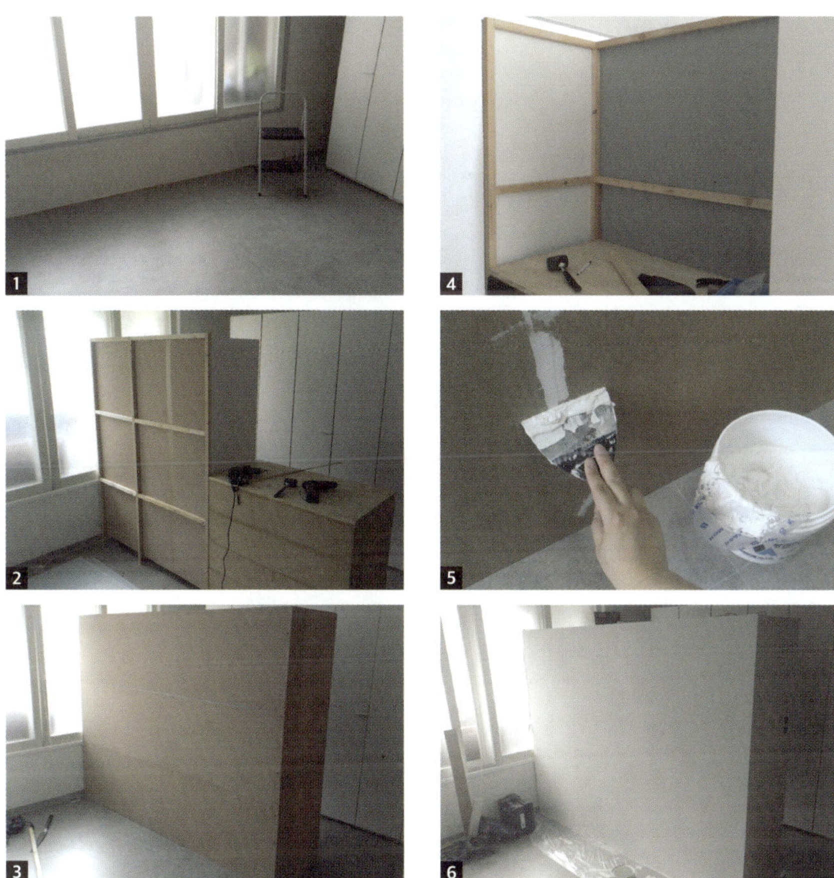

1. 30평대 구축 아파트의 안방은 요즘 아파트의 기준으로 보면 필요 이상으로 덩그러니 넓은 느낌이다.

2. 벽 한쪽에 옷장을 붙여놓고도 공간이 많이 남아 사용하던 작은 옷장을 11자로 마주 보게 나란히 붙인다. 세 번째 전셋집 '제3의 방'에서 사용하던 옷장과 서랍장을 벽에 붙은 옷장과 마주 보게 둔다.

3. 9mm 두께의 MDF 합판을 재단해 벽을 만들어준다.

4. 서랍장 위쪽은 여유 공간을 두어 선반을 달기로 한다.

5-6. MDF 합판으로 둘러싼 벽의 이음매를 퍼티로 다듬어준다. 페인트칠로 흰 가벽을 만든다.

가벽을 완성했다. 침실 쪽에서는 적당한 부피감이 느껴지는 가벽이 보이
도록 했다. 공간을 구분하면서도 답답하지 않도록 가벽 쪽 마감을 천장까
지 올리지 않았다.

옷장과 서랍장을 둘러싼 합판 이외
에는 세 번째 전셋집 '제3의 방'에
있던 기존의 가구들을 최대한 활용
했다.

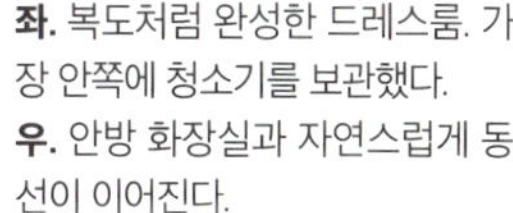

커튼이나 블라인드로 낡은 창호를 가리는 동시에 빛을 흘려보낸다. 그리고 적당한 가구와 조명, 좋아하는 포스터나 소품, 식물 등을 과하지 않게 채운다. 원칙은 늘 같다.

아이 방

원래의 구축 아파트 구조에서 유일하게 베란다를 확장한
방입니다. 방의 크기가 커진 장점이 있던 대신 따로 창호
공사를 하지 않고 원래의 바깥쪽 전체 창을 그대로 살린
방이라 프라이버시와 냉난방에 취약하다는 단점이 있던
방이네요.
딸아이가 초등학생이 된 시기라 어엿한 자기만의 침대와
책상, 옷장이 있는 '나만의 방'을 만들어주고 싶었습니다.

1. 거실 침실의 포세린 타일 무늬와는 다른 마루 무늬 장판으로 바닥을 정리했다. 툭 튀어나온 날개벽이 확장 전 발코니를 예상하게 한다.

2. 낡은 꽃무늬 벽지의 벽과 페인트가 벗겨지기 시작한 몰딩. 거칠게 페인트가 일어난 몰딩을 사포로 다듬고 벽과 함께 칠한다.

3. 천장을 건드리지 않고 벽과 몰딩만 칠해도 훨씬 깔끔해졌다.

4. 장판과 비슷한 느낌의 걸레받이용 굽도리테이프를 붙여 깔끔한 베이스를 만든다.

5. 단열과 프라이버시를 위해 낮은 벽을 세웠다. 낮은 벽은 세 번째 전셋집에서 냉장고 가벽으로 쓰던 것을 옆으로 눕힌 것. 이 집에서는 냉장고 가벽을 세울 여유 공간이 없어 이곳에 활용했다.

6. 구조목을 주문해 천장 커튼박스와 바닥 사이에 세워 기둥의 느낌을 냈다.

짐이 정리된 후의 아이 방. 창가 쪽에 수납장을 두어 기능을 더했다. 아이 책상은 초등학생인 아이가 중고생이 되어서도 쓸 수 있는 심플한 디자인으로 선택. 데스커 제품으로, 기존의 직접 만든 옷장과 잘 어울린다.

작은 붙박이장이 있던 방이었는데, 당분간 쓰지 않을 물건을 넣고 붙박이장 문을 침대헤드로 막았다. 침대는 한샘 아임빅. 침대헤드와 같은 높이로 벽에 합판을 대 아늑한 느낌을 더했다. 기둥과 합판 설치과정은 다섯 번째 전셋집의 아이 방 파트(p297)에서 확인할 수 있다.

제3의 방 Extra Room

세 식구의 집에서 부부의 방과 아이의 방에 이은 세 번째 방은 다양하게 쓰일 수 있습니다. 옷방이나 서재, 그 두 가지 용도를 겸하는 방법이 있겠지요.

앞선 전셋집들보다 각 공간이 넓어진 덕분에 세 번째 방에도 좀 더 여유가 생겼습니다. 특히 안방에 옷장을 활용한 가벽으로 수납공간을 늘린 덕에 채우기보다는 비울 수 있었고, 코로나19가 유행했을 때는 단출하게나마 홈 짐처럼 사용하기도 했네요.

넘쳐나는 책을 위한 책장이 한 편, 집중이 필요한 작업공간이 한 편. 집에서도 삶에서도 중요한 것들이 제 역할을 하기 위해서는 가끔은 그렇게 유연하게 쓰일 여지의 무언가가 필요합니다.

다른 여느 공간과 마찬가지로 바닥과 벽을 정리한다.

책이나 취미용품, 못생긴 운동기구 등 공용공간에서 사랑받지 못한 녀석들의 쉼터를 마련해주도록 한다.

혼자 조용히 집중할 수 있는 공간으로, 코로나19 시기에는 홈트의 공간이 되기도 했다. 여러 활용도를 위해 채우기보다 비워두는 공간도 필요하다.

욕실

전셋집을 구할 때 신경 써야 할 것 중 중요한 조건이 '주방과 욕실의 상태가 양호한 곳'이라고 여러 번 강조했습니다. 도배와 장판만 해도 분위기가 정리되는 다른 공간에 비해 주방과 욕실은 싱크대나 욕실장, 타일, 수전 등을 교체하기가 만만치 않고, 어느 정도의 리폼으로는 분위기가 쉽게 바뀌지도 않으니까요. 그러나 이사라는 게 내가 원하는 곳이 나올 때까지 마냥 기다릴 수는 없는 것. 이때까지 하나둘 쌓아온 셀프 인테리어 지식을 모아 모든 역량을 동원해봅니다.

낡고 미끄러운 바닥, 썩기 시작한 욕실 문, 습기에 불어 일어나는 천장 벽지(응? 천장이 벽지라고?). 실리콘에는 곰팡이가, 줄눈에는 물때가 덕지덕지 낀 모습이다.

습기가 많은 욕실과는 상극인 벽지가 욕실 천장
에 붙어있는 것을 보고 기겁했다. 오래된 집에
는 지금으로선 상식적으로 납득할 수 없는 마감
이 있는 경우가 있다. 장기간 습기에 노출되어
불고 일어난 상태, 심지어 점검구는 가운데가
부러진 채 벽지에 의존해 붙어있는 상황이었다.
임대인에게 재료비만 지원하면 수리는 알아서
하겠다고 했더니 흔쾌히 오케이했다.

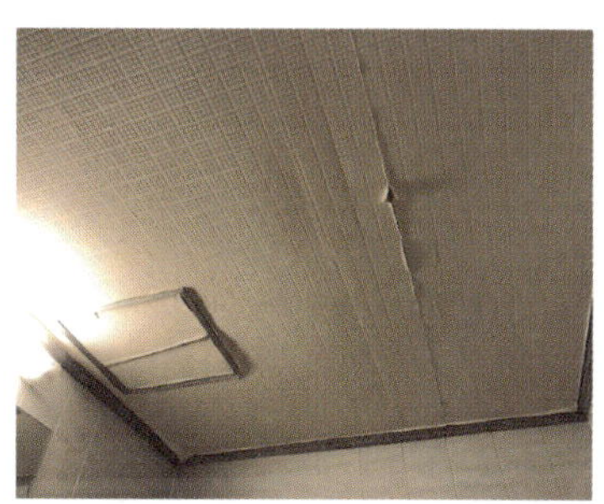

1-2. 천장에 리빙우드를 덧방하기로. 먼저 몰딩과 점검
구를 제거한다.

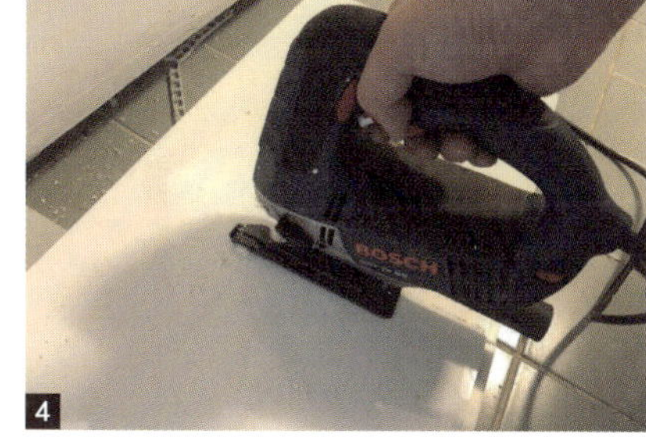

3. 욕실 천장재로 주로 사용되는 리빙우드와 몰딩을 구
입했다.

4. 톱이나 직소를 이용해 적당한 크기로 자를 수 있다.

5-6. 마루처럼 옆면을 끼워나가며 보이지 않는 연결부를 천장에 나사못으로 고정한다. 점검구가 들어갈 자리를 따주고 나란히 옆으로 연결해 기존 천장에 덧방하기로.

7-8. 기존의 점검구 위치와 크기에 맞춰 새 점검구를 구입 및 설치한다.

9. 천장과 벽이 맞닿는 모서리에 몰딩을 붙인다. 저렴하게 구입한 전기 타카를 이용했다. 못 머리가 작은 무두못을 망치로 박아도 된다.

10. 천장에 구멍을 하나 추가해 욕실 메인 조명에서 선을 끌어와 다운라이트도 하나 더 넣었다. 천장만 정리해도 큰 변화가 보인다.

낡은 타일과 물때가 지워지지도 않는 줄눈도 보기 싫었지만, 무엇보다 물에 젖으면 미끄러워진다는 게 문제였다.
슬리퍼 신고 몇 번 휘청~ 두 번째 전셋집에서 주방 벽에 모자이크 타일을 붙이던 게 시작이었는데 욕실 바닥타일에 이르렀다.

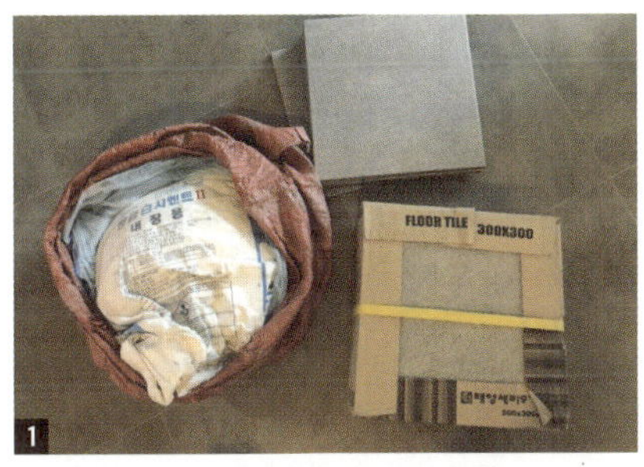

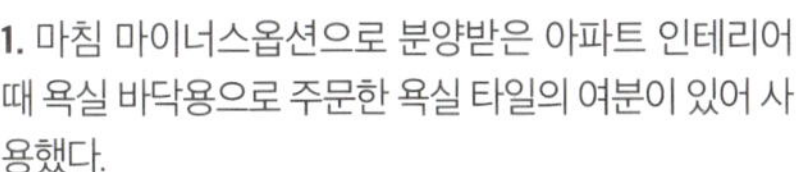

1. 마침 마이너스옵션으로 분양받은 아파트 인테리어 때 욕실 바닥용으로 주문한 욕실 타일의 여분이 있어 사용했다.

2. 기존 타일 위에 덧방하기 위해 먼저 바닥을 깨끗이 청소한 후 말리고, 타일용 압착시멘트를 펴 바른 후 새 타일을 덧바른다.

3. 변기 부분 라운드 따는 게 어렵다면 어려운 일. 타일을 적당히 깨서 모자이크로 처리하는 방법도 있는데 그라인더가 있어 변기 모양대로 딸 수 있었다.

4. 타일 사이에 진회색 줄눈제를 채워 넣고 마무리했다.

세 번째 전셋집까지는 리폼해 사용해왔는데, 이 집의 욕실장은 너무 작고 낡아 활용할 수 있는 방안을 찾기 어려웠다. 기존의 욕실장과 거울을 떼고, 수납력이 좋은 슬라이딩 도어가 달린 욕실장을 달기로 했다. 직접 설치할 수 있다면 역시 이사하면서 다시 교체해 떼어갈 수도 있는 것.

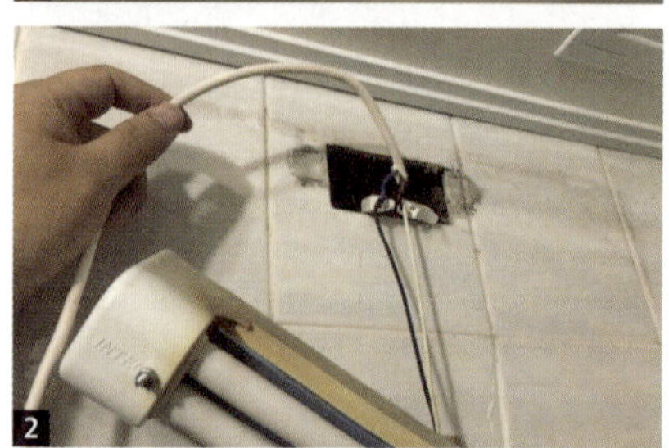

1. 거울은 먼저 실리콘을 칼로 잘라낸 후 깨질 걸 각오하고 비산을 방지하기 위해 테이프를 골고루 발라 떼어냈더니 의외로 깔끔하게 떼어졌다.

2. 새로 설치할 수납장 아래에 간접조명을 설치하기 위해 벽 조명에서 선을 하나 연결해 뺐다.

3. 타일이 붙어있지 않은 맨 벽을 비슷한 사이즈의 타일로 막아줬다. 수납장을 설치하면 거의 보이지 않을 것.

4-5. 벽에 브라켓을 고정한다. 주문해둔 수납장을 고정용 브라켓에 걸어준다. 미리 빼둔 전선에 T5 LED조명을 물려 수납장 아래에 고정한다.

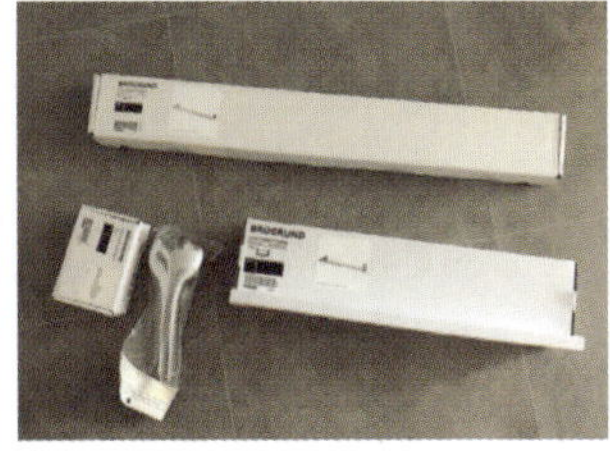

수건걸이, 휴지걸이, 비누 받침대와 샤워기도 교체했다. 직접 설치할 수 있는 것들은 이사 갈 때 다시 교체해 가져 갈 수 있다.

세면기에 실금이 가 있어 집주인에게 이야기해 세면기도 교체했다. 직접 교체하겠노라고 세면기 값만 요구했더니 흔쾌히 동의했다. 주광색 조명도 아늑한 느낌의 전구색 조명으로 교체했다.

구축의 욕실은 목木 문으로 만들어져 욕실 안쪽에서 하단이 부식되어 있는 모습을 흔히 발견할 수 있다. 장기간 물이 튀고 습기에 노출되면서 서서히 목재가 썩기 시작하는 현상인데 이대로 계속 방치하면 점점 더 썩어들어가 문을 교체해야 하는 수준에 이르게 된다. 수술 부위가 커지기 전에 도려내고 고쳐주는 작업을 한다.

1. 시트지를 떼고 썩은 부분을 잘라낸다.

2-3. 퍼티로 막고 사포로 깎는 과정을 반복해 모양을 잡아간다. 드라이기 열풍을 이용하면 퍼티를 굳히고 건조하기 쉽다.

4-5. 적당한 두께의 종이를 대어가며 퍼티로 면을 채워준다. 종이는 나중에 튀어나온 퍼티와 함께 갈아주어 매끈한 각과 면을 만든다.

6. 유성페인트로 문 안쪽과 바닥 면을 칠한다.

문 하나 살렸다.
아니, 욕실 하나 살렸다.

꾸미기보다는 위생적이고
사용하기 편하게 작업한 욕실.

벽지로 발라져 있던 천장과 실금이 가 있던 세면기의 경우는 집주인에게 재료비는 지원받았습니다. 집주인 입장에서도 재료비로만 고질적인 문제를 해결할 수 있고, 제 입장에서는 어차피 성격상 그대로는 지나칠 수 없는 작업의 비용을 절감할 수 있었으니 윈윈이었다고 생각합니다. 수년간 이사를 다니며 한편으론 임차인의 입장을, 한편으론 임대인의 입장을 경험하다 보니 임대인과 임차인 간에 의외로 이런 수리와 관련한 비용을 의논하고 적당한 선에서 결정해야 할 일이 많았습니다. 상식적인 선에서 조금씩 양보할 수 있다면 서로가 기분 좋은 결과를 얻을 수 있겠지요?

그렇게 이곳저곳 공간을 조금씩 손보며
추억을 쌓아온 2년.

2년간의 계약이 끝나갈 즈음의 봄.
새로운 곳으로 이사를 할지 한 번 더 연장할지
결정할 시기가 다가오는데…

카페 화이트브릭

연애할 때부터(그게 도대체 언제적 이야기인지 기억이 가물가물하지만) 저희 부부에게는 공통된 관심사가 있었지요.

만화가를 꿈꿨거나 혹은 만화 출판사에 다녔던, 만화를 좋아한다는 공통점 이외에도 건축을 전공했거나 일본 유학을 했던 저와 와이프는 멋진 공간을 찾아다니는 일, 그 공간의 이곳저곳을 기웃거리며 한 구석에 앉아 커피 한 잔을 홀짝이며 음흉하게 둘러보면서 쑥덕거리는 일을 좋아한다는 공통점이 있었습니다. 그런 공통된 관심사의 발로가 저에게는 전셋집 인테리어로, 와이프에게는 퇴사 후 인테리어 원서 번역이나 인테리어 관련 소품샵을 운영하는 것으로 현실화했던 것 같네요. 그러나 한편으론 늘 마침표를 찍지 못한 목마름이 있었던 것 같고 그런 갈증은 결국 '카페를 직접 운영해보자'라는 결론에 이르게 되었습니다. 누구나 한 번쯤 생각해보지만, 누구나 덤벼들지는 않는 제주살이(아 맞다. 지나고 보니 결국 제주 한달살이까지 해냈구나! 네, 그런 타입의 부부입니다)와 같은 로망. 카페를 열기로 했습니다.

직접 작업한 인테리어와 평소 관심을 갖던 가구들로 마련한 카페 화이트브릭을 소개합니다.

카페 화이트브릭. 와이프가 운영하던 소품 샵 화이트브릭의 오프라인 쇼룸을 겸했다. '화이트
브릭'이라는 상호를 시각적으로도 표현하기 위해 방수 합판으로 틀을 만들고 재차 방수 처리
후 타일로 낮은 가벽을 세웠다. 주방 벽에 타일을 붙였던 경험이 이렇게 쓰였다.

취향이 닿는 시선, 음악과 커피 향, 여러 사람이
함께하는 따뜻한 공간이기를 바랐다.

출입구 안쪽 벽엔 덴마크산 빈티지 월 시스템(PS System)을 설치하고 테이블에는 FRITZ HANSEN 3leg 앤트 체어를 두었다. 흰색 의자는 임스 쉘 체어.

소품을 판매하던 공간. 창문의 간살과 합판 벽을 표현해 젠한 느낌을 내고자 했다. 벽엔 찬넬을 이용해 선반을 걸었다.

고재 상판을 얹은 큰 테이블을 중간에 놓고 THONET No.14 체어를 두었다. 천장의 조명은 두 번째 전셋집 안방에서 사용하다가 보관했던 발리 여행에서 산 것.

한 세트처럼 보이지만 상부는 처가에서 쓰던 낡은 보루네오 책장, 하부는 오래전 구입한 낡은 목재 도면함이다. 독일제 빈티지 조명, knoll의 베르토이아 체어와 어울림이 좋았다.

사방이 트여있던 주차장은 벽과 천막을 활용해 아늑한 정원으로 꾸몄다.

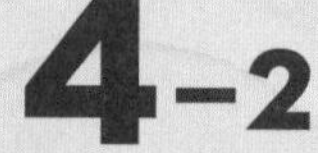

4-2
후반기
네 번째 전셋집
2019년 가을 ~ 2021년 가을
때론 원치 않는
계약연장도 있는 법
변화를 통해 취향을 찾아가다
32평형 구축 계단식 아파트
거실, 주방, 방3, 화장실2

익숙한 공간에
새로운 취향을 더한 집

전세를 연장하게 되면서

인테리어에 변화를 주고 싶었다

아쉬웠던 부분을 새롭게 고치니

마음에 드는 공간이 되었다

001

2년의 전세 기간이 끝날 무렵, 전셋값이 무섭게 떨어지기 시작했습니다. 결국 주변 전세가가 이전 시세보다 수천만 원가량 낮게 형성되어버렸습니다. 역전세 현상이었지요.

저희는 이때 즈음 분양받아 전세로 임대했던 아파트로의 이사를 진지하게 고려하고 있었습니다. 임대인은 새 세입자가 들어와야 전세금을 받아 저희에게 전세금을 돌려줄 수 있는 상황. 그러나 임대인은 사정상 기존의 전세 가격에 집을 내놓기를 반복했고, 몇 개월 동안 당연히 거래가 성사되지 않았습니다.

그사이의 갈등은 물론 유쾌했던 기억은 아니었지만, 감정적으로 접근하지 않으려 노력했습니다. 결국은 수개월의 시간이 흘러 하락한 전세 시세만큼의 보증금을 빼주는 조건으로 다시 2년의 전세를 연장하며 일단락짓게 되었습니다.

이사하기로 했던 집에서 결국 2년을 더 살게 되면서 집을 다시 돌아보는 시간을 갖게 되었습니다. 이사를 위한 노력으로 이모저모 살림을 정리했던 것도 있고, 한편으론 새집에 대한 설렘도 있었는데….

사람 마음이란 게 한번 떠나기로 한 집에 타의에 의해 더 살게 되면서 기운이 빠지는 것도 사실이더군요. 새 공간에 대한 기대로 의욕 넘치게 집을 가꾸기도 하지만 분위기 전환을 위해서 낯익은 공간에 변화를 줘보기도 하는 것이 살면서 꾸미는 인테리어라는 것을 새삼 느꼈던 시기입니다.

다시 정을 붙이기 위해 나름의 변화를 준 곳은 거실과 주방, 그리고 안방입니다.

거실

이사 올 때까지만 해도 초등학교 입학 전이던 딸아이는 이 집에서 3학년이 되었습니다. 어느덧 학생이 되었으니 TV보다는 책을 가까이하고, 외둥이다 보니 아빠 엄마와 같이 시간을 보내는 것이 자연스러워지기를 바라는 마음에 소파와 TV를 둔 전형적인 거실에서 책장과 테이블이 주가 되는 북카페 같은 거실로 변화를 주기로 합니다.

전세 연장 직전. 거실 벽을 채운 책장 앞에 여유 공간을 둔 후 소파를 두고 창가에는 피아노를 두었다.

전세 연장 후. 책장 앞에 두던 소파를 창가로 돌리고 책장 앞 여유 공간에 테이블과 의자를 놓았다. 테이블에 바퀴를 달아 거실 가운데로 옮겨오니 자연스럽게 가족들이 둘러앉아 시간을 보냈다.

신혼 때부터 구입해 오래 사용한 TV를 치우는 시도를 해봤다. 덕분에 생긴 여백의 미.

습관적으로 켜던 TV 대신 조금은 번거로운 빔프로젝터를 사용하곤 했다. 흰 벽을 남겨두면 빔프로젝터로 색다른 시청환경을 만들어볼 수 있다.

주방

이사를 계획하고 세입자 후보들에게 집을 보여주던 시기에 그들이 늘 아쉬워하던 곳이 주방이었습니다. 시세보다 비싼 전셋집인데도 호기심 가득한 눈빛으로 집을 둘러보다가 싱크대 가까이에 이르러 실망하던 표정은 저의 집이 아닌데도 불구하고 제가 민망해지는 상황을 연출했지요. 사는 동안 조금은 내려놓고 살았던 주방을 이번 기회에 좀 더 쾌적하게 손을 보기로 한 계기였습니다.

이때 근처에서 운영하던 카페를 스튜디오로 전환하게 되었습니다. 이 동네에 더 오래 거주하게 되면서 카페를 촬영용 스튜디오로 업종 전환을 결정하게 되었던 거죠. 이사 때문에 집에서 사용하던 살림들을 일부 정리한 상태였는데, 마침 카페 또한 정리하게 되면서 카페의 집기들이 일부 집으로 들어오기도 합니다.

거실에 있던 피아노를 주방으로 옮기며 벽을 다시 하얗게 칠하고, 피아노 위에 레일 조명을 설치해 부족한 조명을 추가했다. 카페에서 사용하던 테이블과 의자가 집으로 잠시 들어오며 주방에 변화가 생겼다.

카페에서 사용한 아일랜드 바 옮겨오기

좁을수록 가능한 한 작게라도 아일랜드 바가 있는 주방을 선호하는 편이다. 기존에 설치되어 있던 아일랜드 바는 낡고 오래되어 문짝의 아귀가 맞지 않았고 위치와 사이즈가 적당하지 않아 집주인과 상의해 철거했었다. 마침 카페를 정리하며 카운터도 철거하게 되면서 카페의 바에 사용했던 자재들을 재활용해 다시 아일랜드 바를 들이기로 했다.

아일랜드 바를 두기 전. 심플한 느낌이 좋았지만 늘 좁은 조리공간이 아쉬웠다.

아일랜드 바 설치 후 늘어난 조리 공간. 시각적으로도 깔끔하게 정리되었다. 신혼 때부터 10년이 넘도록 사용하던 4인용 식탁을 치우고 카페에서 사용하던 원형 테이블을 식탁으로 사용해보았다. 세 식구에게 딱 맞았다.

1-2. 카페에서 쓰던 아일랜드 바를 철거하며 스테인리스 상판과 외부를 둘러싼 합판만 적당한 크기로 잘라 왔다.

3. 재조립하여 틀을 만든다. 아일랜드 바의 높이는 싱크대 하부장 높이 정도가 적당하다.

4. 카페에서 사용하던 추억을 남기기 위해 카운터 앞의 'Order Here' 문구를 그대로 남겼다.

5. 스테인리스 상판을 올려 마무리한다.

6. 안쪽으로는 첫 집에서 만들어 계속 사용하고 있는 레인지대를 넣고 그 옆엔 한참 베이킹에 빠져있던 와이프가 사용하는 오븐을 보관한다.

찬넬로 선반 만들기

아일랜드 바 옆에 아일랜드 바의 폭과 같
은 길이만큼의 찬넬로 선반을 달아 커피용
품 등을 수납할 수 있는 공간을 추가한다.

아일랜드 바와 선반의 구성을 갖춘 주방.
금속과 목제의 조화는 늘 옳다.

1. 적당한 크기로 합판을 자르고 스테인으로 색을 맞
춘다.

2. 수성 스테인은 바르고 말리는 과정을 더할수록 진해
지는 특성이 있어 원하는 색이 나올 때까지 반복한다.
아이생각 수성 스테인 호두나무 컬러를 추천.

3. 찬넬 기둥 한 짝을 나란히 벽에 붙이고 결합한 찬넬
날개에 선반을 올려 고정한다.

4. 찬넬 기둥의 두께만큼 선반이 벽에서 뜨기 때문에
선반과 기둥이 만나는 자리는 ㄷ자로 홈을 파주면 선
반을 벽에 밀착해 설치할 수 있다.

네 번째 전셋집 주방에서 낡고 변색되고 일부가 탄 싱크대 상판은 교체
가 시급했다. 하지만 셀프로 상판만 교체한 시공 사례를 쉽게 찾아보기
어려웠다.

그러다가 이케아 매장에서 싱크대를 직접 구성해 설치할 수 있다는 것을
알게 되었다. 기존의 싱크대 상판이 저렴한 PT 상판이므로 같은 PT 재질
이지만 새 상판을 사용하면 적은 비용으로 교체가 가능하고 최소한 남은
전세 기간만큼은 쾌적하게 사용하다가 깨끗한 주방 상태로 넘길 수 있겠
다고 생각했다.

상판 교체 전과 교체 후의 달라진 모습.

224

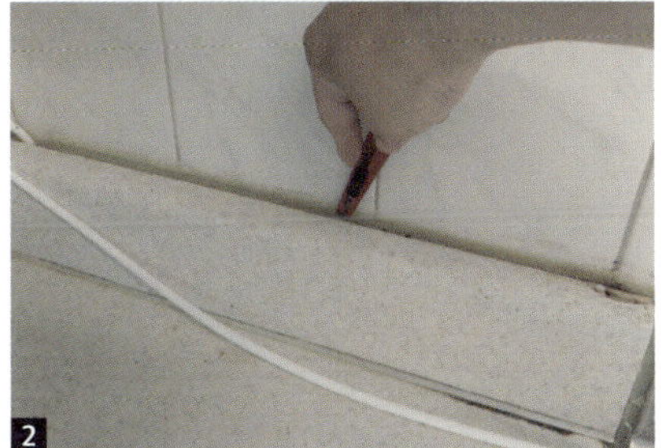

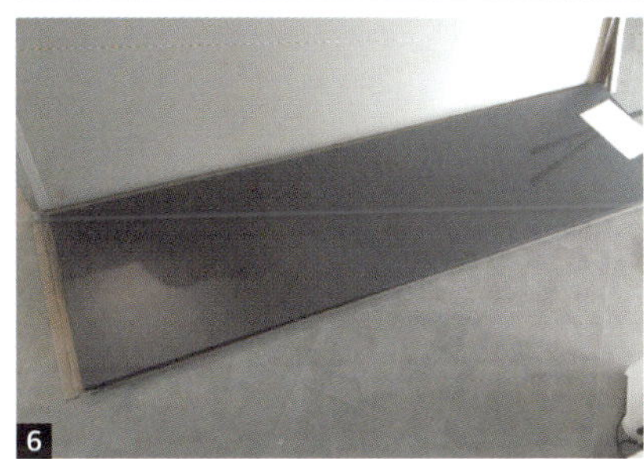

1. 기존의 PT 상판. 오랜 시간 사용하며 생긴 흠집과 오염이 지워지지 않는다. 가스레인지가 있던 자리에는 타서 그을린 자국도 있었다.

2. 싱크대 상판을 분리한다. 먼저 벽과 싱크대 뒤턱이 맞닿은 부분의 실리콘을 칼로 잘라 분리한다.

3. 싱크대 하부장 문을 열어 안쪽에서 상판과 연결된 나사못을 찾아 풀어준다.

4-5. 실리콘을 자르고 연결부위의 나사못을 모두 풀어준 후 위로 들어내 상판을 제거한다. 상판이 없어져버린 하부 수납장만 남아있다.

6. 새로 설치할 이케아의 EKBACKEN 조리대(246× 2.8cm). 이케아 상판은 크게 목재(집성목)와 PT 상판으로 나뉘는데 이 사이즈의 EKBACKEN은 8만 원(2017년)으로 저렴한 라인이었다.

7-8. 톱으로 필요한 크기만큼 잘라준다. 들어낸 상판 자리에 올린다. 단면은 패키지에 동봉된 단면 마감재를 목공본드를 이용해 습기가 침투되지 않도록 꼼꼼히 붙인다.

9. 싱크대 상판을 해체할 때의 역순으로 먼저 아래쪽에서 나사못을 이용해 고정한다.

10-11. 깔끔하게 실리콘을 쏘기 위해 마스킹테이프로 보양 작업한다. 실리콘을 쏘고 실리콘 헤라로 스윽 긁어 다듬는다. 넉넉히 쏘고 한 번에 스윽 긁어낸다.

12. 보양을 위해 붙인 마스킹테이프를 떼어준다. 같은 방법으로 상판과 벽 타일 사이에 실리콘을 쏴준다.

새로운 싱크대 상판으로 교체했다. 두 번째, 세 번째 전셋집에서도 그랬듯 수납장의 부피로 늘 그늘이 져 어두운 상부 아래에는 T5 조명을 연결해 간접조명을 만들어준다.

TIP.
싱크대 상판 선택하는 법

국내에서 주로 사용되는 싱크대 상판은 천연대리석, 인조대리석, PT 상판이 있고, 그 외에 취향에 따라 원목(집성목), 스테인리스가 사용되기도 합니다. 싱크대 상판에 적합한 재료라고 정해진 건 없습니다. 모두 물성마다의 특징이 있고 장단점이 있지요.

그중 PT 상판은 가장 저렴한 만큼 단점도 많습니다. 먼저 고급스러움이 떨어집니다. 천연대리석, 원목, 스테인리스 그 자체의 면을 뽐내는 상판과 그런 느낌을 흉내 낸 필름을 붙인 PT 상판이 같은 고급스러움을 갖긴 어렵겠지요. 불이나 충격에 주의해야 하는 건 모두가 같지만 가장 큰 약점은 '물'입니다. 모서리 등 필름 접합부가 충격이나 장기간 사용에 의해 벌어지거나, 작은 틈이라도 생겨 그곳으로 물이 들어가면 필름 안의 파티클보드가 불거나 썩습니다. 이렇게 되면 점차 필름을 들고 일어나고 그 면적이 확산됩니다.

물을 가장 많이 사용하는 싱크대인데 물이 가장 큰 약점이라니 아이러니하지요. 실제로 이케아 매장에서 싱크대 상판을 구경하다가 종종 모서리 필름이 벗겨진 것을 발견할 때도 있었습니다. 매장에서 물을 사용하진 않지만 수많은 사람이 쓸어보고 만져보고 눌러보기 때문이지요. 그럼에도 불구하고 저렴하고 가공이 쉬워 널리 이용됩니다. 특히 이케아 pt 상판은 한정된 선택의 폭 안에서 촌스럽다고 인식되었던 국내 PT 상판과는 다르게 꽤 다양한 디자인이 구비되어 있어 잘만 선택하면 이국적인 분위기를 낼 수도 있습니다. 제품의 성질을 이해하고 홈페이지에 적힌 주의사항을 숙지해서 사용하면 장기간 변형 없이 사용할 수 있습니다.

여기까지 이르러… "어? 우리 집 낡은 주방도 한번 해볼 만한데?" 싶은 분도 계시겠지만 한편으로는 "어이쿠야~ 난 안 되겠다!" 뒷걸음질을 치는 분도 있으리라 생각되기에, 그런 분을 위해 "어딜 도망가!"라는 마음으로 주방 벽을 깔끔하게 정리하는 간단 팁을 소개합니다.

1. 줄눈 마커는 시중에서 쉽게 구입할 수 있다.
2. 먼저 타일과 줄눈의 찌든 때를 기름때 제거 세제나 수세미 등으로 청소한다.
3. 줄눈을 따라 그어주기만 하면 된다. 수정액과 비슷한 방식.
4. 청소하고 줄눈만 그어준 것뿐인데 새로 시공한 것 같은 효과가 있다.

주의!

1. 사진처럼 펜 심을 위로한 채 거꾸로만 사용하면 점차 잘 안 나오니 되도록 펜 심을 아래로 향하게 잡고 사용한다.
2. 동봉된 여분의 펜 심 두 개를 적당히 교체해 사용한다. 필자는 전체적으로 세 번을 칠해줬고 여분의 펜 심 두 개를 한 번 칠할 때마다 갈아주었다.
3. 기존 줄눈을 잘 닦아주고 시공할 것. 기름때가 끼어있으면 찌꺼기가 생기거나 잘 안 칠해진다.
4. 근본적으로 타일 줄눈을 하얗게 하는 게 아니라 페인트처럼 덮는 것이니만큼 항상 물에 젖어있거나 습한 욕실 하부, 박박 닦아야 하거나 접촉이 잦은 바닥 등에는 비추천.

이 집의 가장 큰 단점이었던 주방에 관심을 더하니 이 집에 대한 또 하나의 애정 어린 이야깃거리가 되었다. 높낮이가 조절 가능한 펜던트 조명은 이 탈리아 조명 브랜드 guzzini 제품.

안방

옷장을 활용한 가벽으로 공간을 구분해 사용하던 기존의 안방.
이사를 준비하며 치울 계획도 있었고, 집을 보러 온 사람들에게
안방의 공간감을 보여주기 위해 가벽을 잠시 치워둔 때가 있었
습니다.
그러나 우여곡절 끝에 전세 기간이 2년 연장되었고, 다시 가벽
을 만들게 되었습니다. 이번에는 전체적인 형태는 비슷하지만
좀 다른 느낌을 내고 싶었습니다. 주방에 아일랜드 바와 찬넬
선반에 합판을 사용하면서 안방의 가벽 또한 이 느낌의 연장선
상에 두고 싶었네요.

전세 기간 완료 전. 헤드를 벽에서 가벽 쪽으로 돌려보
기도 했다.

새로운 이들이 계약해주기를 바라며 잠시 가벽을 치워
놓기도 했다.

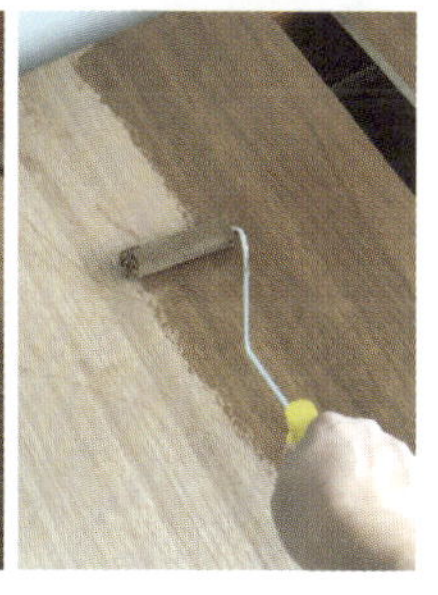

1. 다시 가벽을 활용한 옷장을 두기로 했다. 잠시 '제3의 방'으로 이동했던 옷장을 재위치하고 뒷면에 대었던 하얗게 칠한 MDF 합판은 떼어버렸다. 옷장을 보강했던 지지목만 남아있다.

2. 옷장 크기에 맞게 합판을 재단해왔다. 이번에 사용한 합판은 15mm 두께의 코어합판.

3. 스테인 칠하기. 주로 사용하는 아이생각 수성 스테인 호두나무 컬러를 사용했다. 스펀지를 사용해 칠할 때도 있지만 넓은 면적을 고르게 칠할 때는 보통 롤러를 이용한다.

4-5. 기존의 옷장 뒷면에 스테인을 칠한 합판을 덧댄다. 여기에 나란히 붙여 세우기 위해 옷장 하나를 같은 높이로 만들어준다.

6. 수납장을 추가하기 위해 합판을 함께 재단해왔다. 같은 스테인으로 칠하고 다듬어 옷장의 형태로 만들어준다.

7. 옷장에 나란히 붙여주면 전체적인 형태는 완성된다. 이렇게 만들어주면 이사를 가더라도 그대로 떼어다가 옮겨 붙이면 된다. 새로 제작한 수납장이 기존 옷장의 왼쪽, 오른쪽 어디에 붙어도 상관없다(실제로는 다음 집이 더 작았어서 기존 옷장은 치우고 새로 제작한 옷장 부분만 제3의 방에서 사용할 수 있었다).

8. 옷걸이용 봉을 주문해 고정해준다.

9. 앞서 만들었던 가벽과 같이 수납장에 조명을 설치해보기로 한다. 조명등 외에 전선, 스위치, 플러그 등의 부자재를 준비한다.

10-11. 수납장 옆 벽 적당한 위치에 구멍을 뚫는다. 스위치를 설치한다.

12. 그 위로는 7인치 방수 직부등을 벽등의 역할로 설치한다. 수십 년 전부터 실외나 베란다, 욕실 등 여러 곳에서 사용되었던 리얼 레트로 조명.

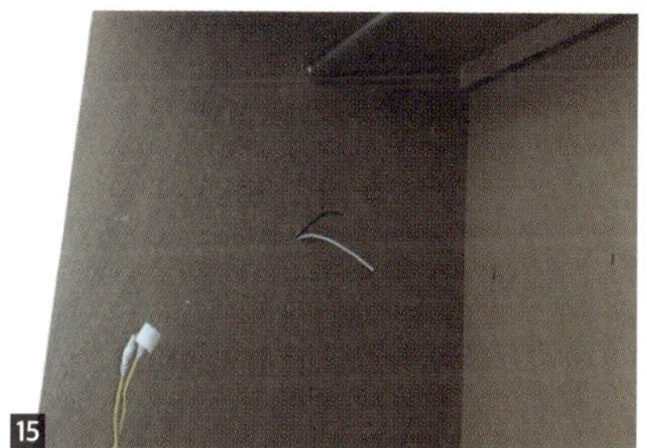

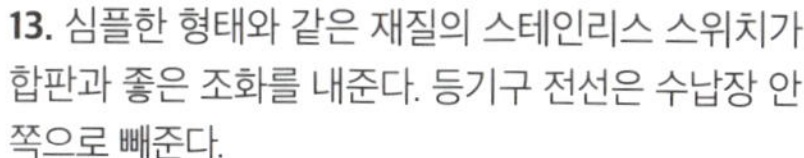

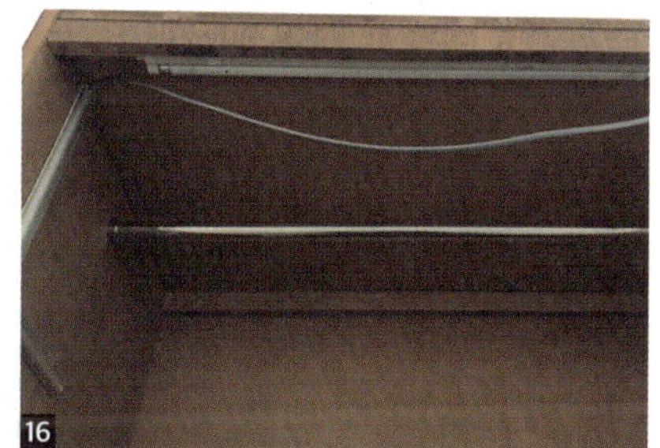

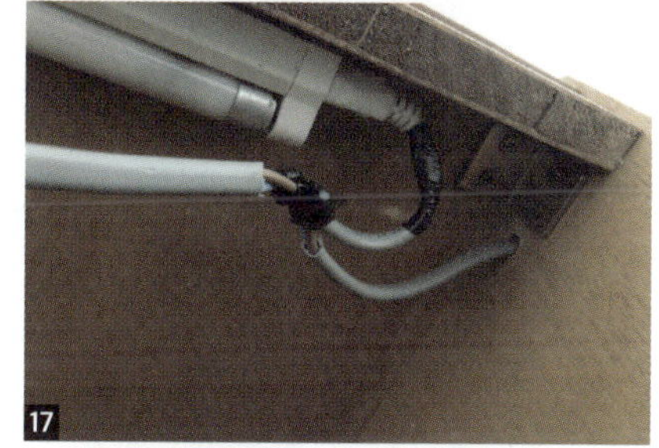

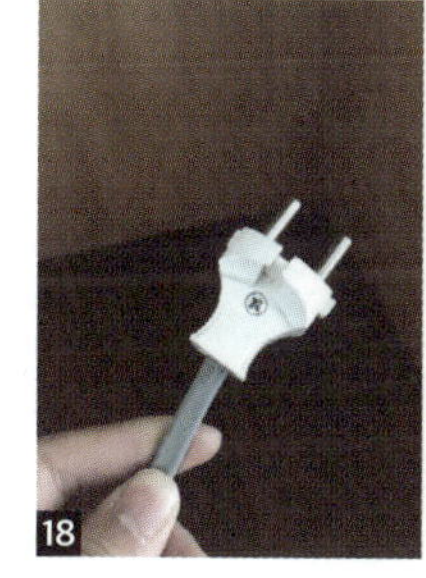

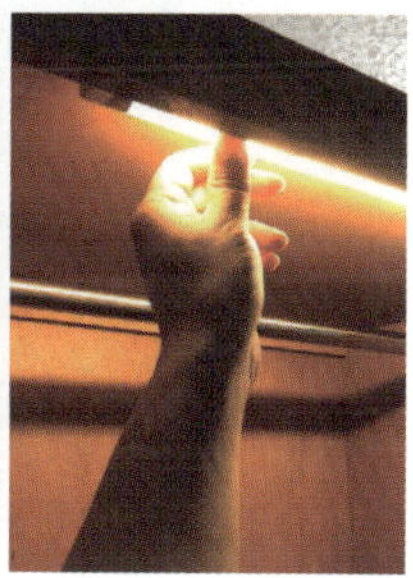

13. 심플한 형태와 같은 재질의 스테인리스 스위치가 합판과 좋은 조화를 내준다. 등기구 전선은 수납장 안쪽으로 빼준다.

14-15. 수납장 내부에도 조명 설치. 스위치가 달린 T5 조명을 설치한다. 내부에서 본 모습. 스위치와 벽 등에서 뺀 전선이 보인다.

16. 조명들과 스위치를 전선으로 연결해주고 노출된 전선들은 전선 커버 몰딩으로 마감한다.

17. 콘센트로부터 전원을 끌어와 내부의 스위치 달린 T5 조명으로 한 라인, 외부의 스테인리스 스위치를 통한 조명으로 한 라인씩 각각 전원이 연결될 수 있도록 계획했다.

18. 전원을 공급하는 전선은 수납장 외부로 빼서 끝에 플러그를 연결하고 콘센트에 꽂는다. 조명에 불이 잘 들어오는지 확인하면 작업 완성.

가벽을 활용한 옷장 두 번째 버전 완성! 화이트 위주의 전반기와 달리 사용하던 침대와 화장대 겸으로 사용 중이던 수납장에 맞춰 우드톤의 비슷한 색감으로 만드는 게 목표였다. 전체적으로 화이트 베이스에 적당한 깊이감이 있는 목재의 컬러, 그레이 계열의 바닥과 커튼까지… 차분한 느낌의 침실을 계획했다.

드레스룸이라고 부르기에는 거창할 수 있지만 아직 동이 트기 전 출근 준비를 하기 위해 가벽의 등을 켜고 돌아서면 옷장끼리 최소한의 폭을 두고 마주 보게 해 침대에서 아직 자고 있는 와이프가 갑자기 켜진 불에 잠이 깨지 않게 스리슬쩍 출근을 준비할 수 있었다. 자주 입는 외투를 걸기 편한 공간이 필요해 입구 쪽에 행거를 설치하고 오픈시켰다.

신혼여행 때 찍어 캔버스로 제작한 런던의 흑백사진도 그레이 계열이라 튀지 않고 적당히 조화로웠다.

가벽 작업 후 침대 옆 작은 협탁 위에 둔 디퓨저에 오일 한두 방울 떨어뜨리고 음악과 함께 이곳에서 시간을 보내는 일을 좋아하게 되었다. 책을 읽든 휴대폰을 들여다보든 낮잠을 자든.

살면서 꾸며가는 셀프 인테리어란

익숙한 공간 안에

나의 취향을 하나둘 더하게 되는 것.

그렇게 조금은
변화된 환경에서의 삶

자의 반 타의 반의 2년은
금방 지나갔다.

스튜디오 화이트브릭

카페를 만 2년가량 운영하던 즈음, 소품 샵을 겸한 카페 운영을 책임지던 와이프는 아이의 진학으로 인해 일과 생활, 아이에게도 전력을 다하지 못하는 것 같다는 아쉬움과 조바심에 부담을 느꼈습니다. 저역시 본업으로 인해 손을 보태는 데 한계를 느끼며 카페를 잠시 내려놓기로 했습니다.

마침 카페를 관심 있게 보던 분들의 대관이 몇 차례 있었기에 렌탈 스튜디오로의 변화를 생각해보게 되었습니다. 이때 코로나19가 유행하기 시작했기에 결과적으로 보면 비대면 운영이 가능한 렌탈 스튜디오로의 변경은 시의적절한 선택이 된 셈이었고요.

카페였던 1호점은 옆 상가가 공실로 나와 좀 더 큰 스튜디오로 거듭났고, 근처에 2호점도 내게 되었습니다. 카페와 마찬가지로 마루와 타일 등의 바닥 마감 이외의 인테리어는 거의 대부분 직접 작업하고 평소 관심을 두던 가구와 조명 소품들로 공간을 채웠습니다.

문짝과 몰딩을 페인트칠하고 작은 가구를 어설프게 만들던 수준의 첫
번째 전셋집 인테리어에 비하면 그야말로 괄목할 만한 성장이네요. 한
편으론 그동안 쌓아왔던 모든 노하우를 풀어낸 작업이자 전셋집이라
는 한계에서 구현하지 못했던 것들에 대한 한풀이이기도 합니다.

그러나 상가건물이라는 제한된 공간에서 정해진 비용과 아마추어를
벗어나지 못한 노동력에서의 결과물이기에 한편으론 전셋집 인테리
어의 한계와 교차점이 있다고도 생각합니다.

언젠가—아직은 중학생인 딸아이가 고등학교를 졸업할 때까지는 그
에 맞는 전셋집을 전전하다가 대학에 들어갈 때—전세살이를 끝마
치고 '내 집'에 살게 될 때는 이 스튜디오에 쏟은 노하우까지 얹어서
좀 더 취향에 맞는 공간을 만날 수 있겠지요.

응접 공간. 카페 시절의 시스템 선반과 펜던트 조명을 그대로 두고 적층식 테이블을 중심으로 의자를 두었다. 적층식 테이블은 VITSOE 621. 철망 모양의 의자는 knoll의 베르토이아, 검은 등받이 의자는 에곤 아이언만의 se68.

240

덴마크 어딘가의 거주 공간을 생각하며 아늑하고 따뜻한 분위기로
공간을 꾸몄다. 실제로 포인트가 되는 월 시스템과 사이드보드, 조명
들은 북유럽에서 오거나 북유럽 디자이너들에 의한 것들이 주를 이
루고 있다. 팔걸이 의자는 THONET S320.

주방. 원목 합판으로 싱크대 상하부장을 만들었고, 벽에는 긴 모자이크타일을
시공했다.

다이닝. 탈의실을 만들고 아치형 문에 겨자색 커튼으로 문을 대신했다. 사이드보드는
올 벤셔 디자인, 천장 조명은 이사무 노구치의 Akari 램프 55A.

침실. 원목 합판을 대어 헤드를 대신했다. 선반과 벤치, 문틀은 핀란드의 건축가이자 디자이너 알바 알토로부터 영향을 받은 것. 선반은 artek 112b.

욕실. 침실 한편에 유리블럭을 넣은 가벽과 타일을 활용해 세면공간처럼 꾸몄다. 모두 전셋집 인테리어의 노하우.

홍점 공간. 큰 창과 높은 천고를 활용해 조금은 차갑지만 자유로운 느낌을 담은 베를린의 어느 로프트 공간을 떠올리며 꾸며보았다. 디터 람스의 VITSOE 선반과 이지체어, 조명은 독일에서 공수해왔다. 벽 일부를 합판으로 마감하고 VITSOE 시스템 선반을 설치했다. 암체어는 artek model45, 플로어 램프는 이탈리아의 guzzini, 테이블은 SAMUEL SMALLS 제품.

Joseph Beuys und das Mittelalter
Urbänlike
AALTO

응접 공간. 탈의실 입구. 1호점의 아치형 탈의실 입구와 대비되도록 직각을 살렸다. 4단 서랍이 있는 협탁은 PS System, 협탁 위 조명은 LOUIS KALFF 디자인, 소파 테이블은 영국 빈티지, 트롤리는 DINNET.

주방. 통창에 벽을 세워 정사각의 격자창이 있는 주방을 표현했다. 원형 확장 테이블은 영국 G.PLAN사의 빈티지, 천장 조명은 VERPAN FUN 빈티지.

정사각 타일을 낮게 붙여 예스러운 느낌을 냈다. 벽 조명과 테이블 램프는 독일 빈티지.

빈티지 도면함과 빨간 시트가 강렬한
의자는 knoll 빈티지 튤립 체어.

빈티지한 느낌의 쇼케이스는 직접 만든 것.

5
다섯 번째 전셋집
2021년 가을 ~ 2025년 가을

Simple is the best!
불필요한 살림을 정리하고
취향은 보다 선명해지다

27평형 구축 계단식 아파트
거실, 주방, 방3, 화장실

중학생 아이가 있는 집
오래된 가구와 가전을 바꾸었다
맥시멀리스트와 미니멀리스트에 대해
심플한 삶에 관해 생각하다

001

전세 기간 만료와 집주인의 귀환

네 번째 집에서 중간에 역전세 현상으로 예상치 못한 6개월의 거주기간이 추가되면서, 2년도 4년도 아닌 약 4년 6개월이라는 어정쩡한 기간을 거주하게 되어버렸습니다.

그리고 두 번째 전세 기간이 만료될 즈음 임대인은 이제 본인이 이 집에 살겠노라고 귀환을 통보합니다. 이사를 하고 싶을 때는 못하고 있다가 이제는 정을 붙여 이 집에 좀 더 살아보려고 했는데 떠나라고 하니 별 수 있나요. 다섯 번째 이사를 준비할 수밖에요. 전세살이의 애잔함이 또 조금 느껴졌지요.

이때, 지난번에 결정하지 못한 분양받은 집으로의 이사를 다시 진지하게 고민해보았는데, 어느덧 현재의 거주지에서 만족하고 적응하며 살고 있는 스스로와 가족들을 발견하게 됩니다. 제 출퇴근 거리도 멀어지는 와중에 와이프는 이곳에서 오픈한 카페에 이어 스튜디오를 한창 운영하고 있었고, 딸아이도 지금 다니는 초등학교에 만족하고 있는데 전학을 감수해야 할까 고민하게 됩니다. 마침 진학하고 싶어 하는 중학교도 근처에 있었고요.

그렇다고 투자적으로 조금은 더 나은 위치의 분양받은 집을 정리해 현재 사는 곳에 집을 매수하고 싶은 생각까지는 없었습니다. 결국은 분양받은 집은 투자의 목적으로 소유하고 지금 당장은 편하게 살 수 있는 곳을 찾아 거주하는, 어쩌다 보니 갭투자. 자발적 세입자의 길로 접어들게 됩니다.

보통 현실에 맞추어 시작하게 된 전세살이는 때로는 삶의 한 방식으로의 적극적 선택이 되기도 합니다.

002

전세자금대출 불가와
임대사업자의 집

새 전셋집을 구하며 난관에 부딪히게 됩니다. 이 또한 전세살이의 한 형태이자 선택이기에 소개를 드리자면 저희는 앞서 언급했듯 '내 소유의 (분양받은)집은 전세를 주고 막상 나는 다른 곳에서 전세를 사는 형태'를 취하고 있었습니다.

이른바 '갭투자'라고도 불리는 이 방법으로 주택가격에 달하는 현금이 부족해도 내 집의 임차인으로부터 받은 전세보증금이라는 레버리지를 통해 좀 더 수월하게 주택을 구입하고, 내가 임차인으로서 받은 전세자금대출이라는 레버리지를 통해 거주 또한 부담을 줄일 수 있습니다. 내 집 마련과 자산증식의 한 수단이기도 한 이 갭투자는 '전세'라는 세계에서 보기 어려운 제도가 만들어지고 유지되는 하나의 베이스이기도 하지요. 투자의 관점이고 선택의 범주라 이 방식이 '맞다' '틀리다'의 이야기가 아니라 어쩌다 보니 저의 경우가 이 경우가 되었다는 이야기일 뿐입니다.

그런데 제가 거주 해결을 위해 받은 전세자금대출의 여러 가지 조건 중 하나가 '무주택 또는 1주택 소유자'까지만 가능한데 '1주택 소유자일 경우 소유한 주택의 가격이 9억 이하'만 가능하다는 조건이 추가로 붙어 있었습니다(2021년 기준). 그리고 주택시장이 활황이던 다섯 번째 집으로의 이사 즈음, 제가 소유한 주택의 거래가가 그 조건을 넘게 되면서 전세자금대출을 받을 수 있는 조건에서 탈락해버리게 됩니다. 다른 대출을 일으키느냐, 대출 없이 상황에 맞는 전셋집을 구하느냐. 선택의 기로에서게 되었지요. 마침 같은 단지 안의 27평형대 아파트가 매물로 올라왔는데 흔히 말해 집도 안 보고 계약한다는 임대사업자의 물건이었습니다.

주택임대사업자의 경우는 일정의 세제 혜택을 받는 대신 다음 임대계약 시 임대료 인상률을 5% 이내로 제한하기 때문에 보통 전세가가 주변 시세보다 저렴하게 형성되어 있기도 하고, 2년의 계약기간이 종료된 후 재계약을 할 때도 인상률이 5%로 제한되어 있어 여러모로 매력적인 물건이었지요. 다만, 32평형에서 27평형으로 줄여가야 하는 간과할 수 없는 단점. '집은 늘려서는 가도 줄여서는 못 간다'라는 말이 있습니다. 첫 집에서부터 네 번째 집까지 공간의 크기를 늘려가며 이사해왔던 터라, 집을 줄여가는 일에 마음이 흔쾌하지 않았던 것은 사실입니다.

부부가 머리를 맞대고 희망회로를 돌려봅니다. '이게 모두 우리 집값이 올라서 생긴 일이니 즐겁게 받아들여보자. 집을 줄이면 대출이자 부담도 덜고, 관리비도 줄어들 테니 장점도 있다.' 또 이즈음이 미니멀리스트에 대한 관심을 가지게 된 때입니다. 아이를 낳고 키우고, 그 사이에 소품샵과 카페를 운영하고, 이것저것 관심사를 늘여가다, 어느 순간 쓰지 않는 물건, 입지 않는 옷, 읽지 않는 책이 쌓여간다는 생각을 종종 하게 되었던 시점입니다. 이번 기회를 사는 공간과 물건을 컴팩트하게 추려보는 삶에 대해 고민해보는 계기로 삼아보기로 합니다.

한편으론 도전정신으로 설레기도 합니다.
누가 정신승리래! 헛헛~

어두운 주방 벽타일, 산만한 주방 조명, 군데군데 찍힌 장판
이 아쉬웠지만, 전체적으로 양호했던 다섯 번째 전셋집. 고칠
수 있는 건 고치고 감수할 것은 감수하기로 했다.

실물로 마주한 다섯 번째 집은 생각보다는 양호한 상태였습니다. 흔히 구축 아파트라고 불리는 20년이 넘어가는 집들 중에는 한 번 정도 수리를 거친 집들이 있곤 하죠. 쓰인 자재와 스타일을 보면 대충의 시기를 가늠할 수 있는데, 회색 유광타일을 지그재그로 붙인 주방 벽을 보니 7~8년 전쯤에 간단히 손을 댄 것으로 보였습니다.

주방과 화장실과 신발장을 심플하게 수리하고 천장 조명 정도만 교체한 이 상태가 개인적으로 구축 아파트에서 전세를 구할 때 가장 선호하는 정도의 집. 반대로 좋아하지 않는 집으로는 과하게 치장되거나 일정 시기에 유행했던 인테리어의 흔적이 진하게 남아있는 집입니다. 오버사이즈 몰딩, 파벽돌, 웨인스코팅, 포인트 벽지 등은 제대로 된 콘셉트와 함께라면 어울릴 수도 있지만 자칫하면 살림살이와 겉돌거나 올드한 느낌을 줄 수 있기 때문입니다.

임대인은 투자목적으로 보유한 집 자체에 그닥 애정이 없는 듯, 한편으로는 임대사업자로서 전세가 주변보다 저렴한 점을 내세워 공인중개사를 통해 무심하게 이야기를 전합니다.

'별도로 뭔가를 요구하지 말 것, 원하는 게 있으면 알아서 할 것.'

"네, 그럼 알아서 잘 가꾸고 살겠습니다~"

003

이사 전 준비

언제나처럼 이사 전, 하루 날짜를 잡아 줄자를 들고 방문해 이사 갈 집 실측을 합니다. 치수가 표시된 아파트 도면이 있다고 할지라도 막상 실측해보면 크고 작은 오차가 있습니다. 옷장이나 책장, 냉장고나 세탁기 등 커다란 가구와 가전이 예상된 위치에 들어가지 않으면 이사 날 대혼란이 오기 마련. 실측한 치수와 도면을 토대로 미리 가구가 들어갈 자리를 가늠해봐야 합니다.

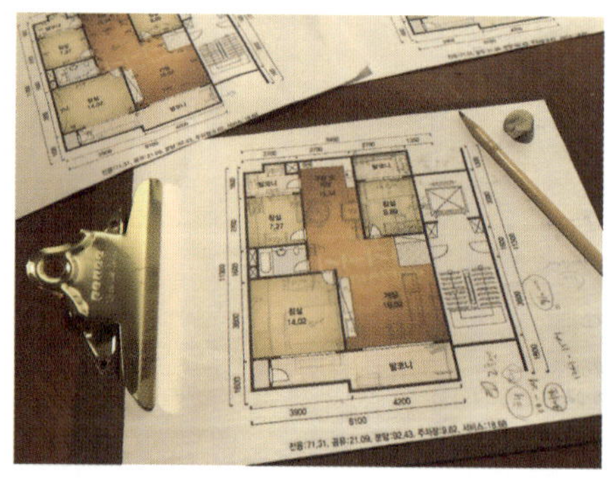

전형적인 구축 20평 후반대 아파트의 구조, 세 번째 전셋집과 좌우대칭으로 거의 유사해 보인다. 이 구조에서는 주방에서 연결된 발코니(흔히 말하는 다용도실)가 어느 쪽에 있느냐에 따라 작은방 두 개의 형태가 달라진다. 주방에서 연결된 발코니와 붙어있는 방이 보통 가장 작고 채광에 취약한 방, 반대쪽이 보통 방과 연결된 발코니가 있는데, 개인적으로는 확장한 형태를 선호한다.

도배 시공

당일 전 세입자의 이삿짐이 빠지고 우리 짐이 들어가는 사이의 몇 시간 동안 할 수 있는 작업은 짐 들어가는 시간을 좀 늦춘다고 하더라도 벽과 바닥 중 한 공정 정도가 됩니다. 그래서 네 번째 전셋집까지는 한번 이삿짐이 들어가면 여간해서는 손볼 수 없는 바닥에 장판만 새로 까는 정도로 손봐오며 살아왔지요.

'무언가 요구하지 말고 알아서 하세요~'라는 집주인의 무심한 듯 시크한 언질이 있었기에 마찬가지로 이사 날 바닥에 장판을 깔 계획이었는데 하루 전, 공인중개사로부터 예상치 못한 이야기를 듣게 됩니다.

"그 집 이미 이사 갔어요~"

"응? 아니 그걸 미리 알려줬으면 진작에 여유 있게 이것저것 손봤지요!"

뒤늦게 하소연해봤자 뭔 의미인가요~ 장판을 마루로 바꾸고 이외에 도배도 추가하기로 계획을 급 수정합니다.

1-2. 하루 전, 동네 도배업체를 방문해 급하게 도배지를 정하고 작업자를 찾았다. 벽지가 현장에 도착하면 선택한 벽지가 맞는지 한 번 더 확인한다. 가끔 엉뚱한 자재가 오는 경우가 있다.

3-4. 오후에 도배 투입. 저녁이 되어서야 도배가 끝났다. 덜 말라 우글거리는 벽지는 마르면서 팽팽하게 펴지지만, 알면서도 왠지 불안한 마음.

다음 날인 이사 날 아침, 마루 시공이 시작됩니다. 전셋집을 강마루로 까는 것에 대해서는 많은 고민이 있었습니다. 전세라도 장판이야 많이들 하지만 강마루는 비용적인 면에서나 시공 시간적인 측면에 있어서나 고려할 점이 많으니까요. 결론적으로 쓸 만한 장판을 까는 비용에 좀 더 보태서 가성비 괜찮은 적당한 마루를 깔아보기로 했네요.

집이 줄어든 만큼 자재비 부담이 줄기도 했고 임대사업자의 집을 계약한 덕분에 하늘 높은 줄 모르고 뛰어오르는 전세보증금을 다소 세이브했으니 공간의 크기보다는 질에 조금 더 신경을 써보자는 마음이기도 했습니다.

한편으론 이 당시 코로나19로 2년간 해외여행은 꿈도 못 꾸고 살았고 이런 시국이 언제까지 계속될지 모르는 마당에 집에 머무는 시간이 많아졌으니 내가 사는 곳을 더 쾌적하게 만드는 것에 더 집중하자는 생각도 한몫했지요. 그 대신 시공 시간을 최단기화해야 하는 숙제가 남았는데, 이건 마루 시공 작업자 한 명을 추가시키고 이삿짐센터에는 늦어지는 이사 시간만큼 대기료를 지불하는 걸로 해결했습니다.

대기료는 오후 2시 이후로 시간당 5만 원으로 계약했고요. 마루 작업은 집이 비어있던 덕분에 좀 일찍 시작할 수 있어 4시쯤 끝났네요. 마루 시공에서 반드시 해결해야 할 게 바로 소음 문제입니다. 바닥에 접착제를 바르고 마루판을 하나하나 고무망치로 끼워 넣는 방식이라 작업 내내 아주 줄기차게도 진동과 소음이 생기기 때문에 꼭 이웃에게 사전에 양해를 구해야 합니다.

1. 자재와 작업자 도착. 도배와 마찬가지로 선택한 마루 (구정강마루 오크뉴클래식)가 제대로 왔는지 확인하는 과정에 다른 마루가 도착한 것을 확인했다. 이런 경우가 종종 발생한다.

2. 다시 마루를 받으려면 시간이 지체되는 상황. 색상에 큰 차이가 없어 그대로 시공했다.

3. 전날 시공한 도배가 잘 자리를 잡았다.

4. 마루 시공 또한 무사히 마쳤다.

이렇게 이사 당일에 급하게 마루를 시공하는 경우, 강마루를 깔고 걸레받이를 붙인 다음 실리콘 마감을 하고 충분히 말려줘야 하는데 이 상태에서 거의 곧바로 이삿짐이 들어오다 보니 일부 덜 마른 실리콘이 손상될 수 있다는 단점이 있습니다. 몇 군데 찍힌 부분은 나중에 직접 손보기로 합니다.

그 사이 전 임대인으로부터 잔금 받고, 새 임대인에게 잔금 치르고, 관리비며 장기수선충당금 정산하고, 관리사무소 가서 전입 관련 서류 작성하고 차량 등록하고, 주민센터 가서 임대차 계약 신고하고 전입 신고하고 가장 중요한 확정일자 받고, 중간중간 마루 시공업자와 이삿짐센터 직원 챙기고….

이사 날은 정신없는 하루를 감수해야 합니다.

그러게, 집이 비어있는 줄 미리 알았더라면 도배 전에 조명도 먼저 손보고, 몰딩이며 문짝에 페인트칠도 좀 하고, 벽과 바닥도 좀 더 세심하게 작업을 진행했을 텐데… 하는 아쉬움. 그래도 이번 집은 보통이라면 이사를 하고도 한참을 손봤을 벽까지 마무리 되었으니 여태까지의 여느 집들보다 쾌적한, 그리고 비싼 이사를 마무리하게 되었지요.

전 현실에 전력으로 순응하는 남자. 좋게 좋게 생각하고 넘어갑니다.

1. 전 세입자의 이삿짐이 빠지고 우리의 이삿짐이 들어오기 전에, 이삿짐이 들어온 후에는 손대기 어려운 곳들을 다듬는다. 다용도실 벽의 곰팡이 등.

2. 먼저 락스로 싹 닦아내어 말리고 곰팡이 방지 페인트를 칠한다.

3-4. 옷장 위의 몰딩 등 짐이 들어오면 페인트칠하기 어려운 곳 위주로 낡은 곳들을 함께 다듬고 페인트칠 해주는 게 좋다. 여유가 되어 문틀과 문도 같이 칠해주었다.

5. 문을 칠할 때는 손잡이를 떼어낸 후 칠하고 같은 손잡이로 교체한다. 이사할 때마다 스위치 플레이트 교체와 함께 매번 반복하다 보니 익숙한 작업.

6. 이사 후에도 낡은 몰딩과 문틀, 문 등 틈날 때마다 이어간 페인트 작업.

오염된 벽은 도배하고, 손때 묻은 문과 문틀을 새로 칠하고, 낡은 손잡이와
스위치를 교체한다. 이 정도의 과정만 거쳐도 집은 한결 정갈해진다.

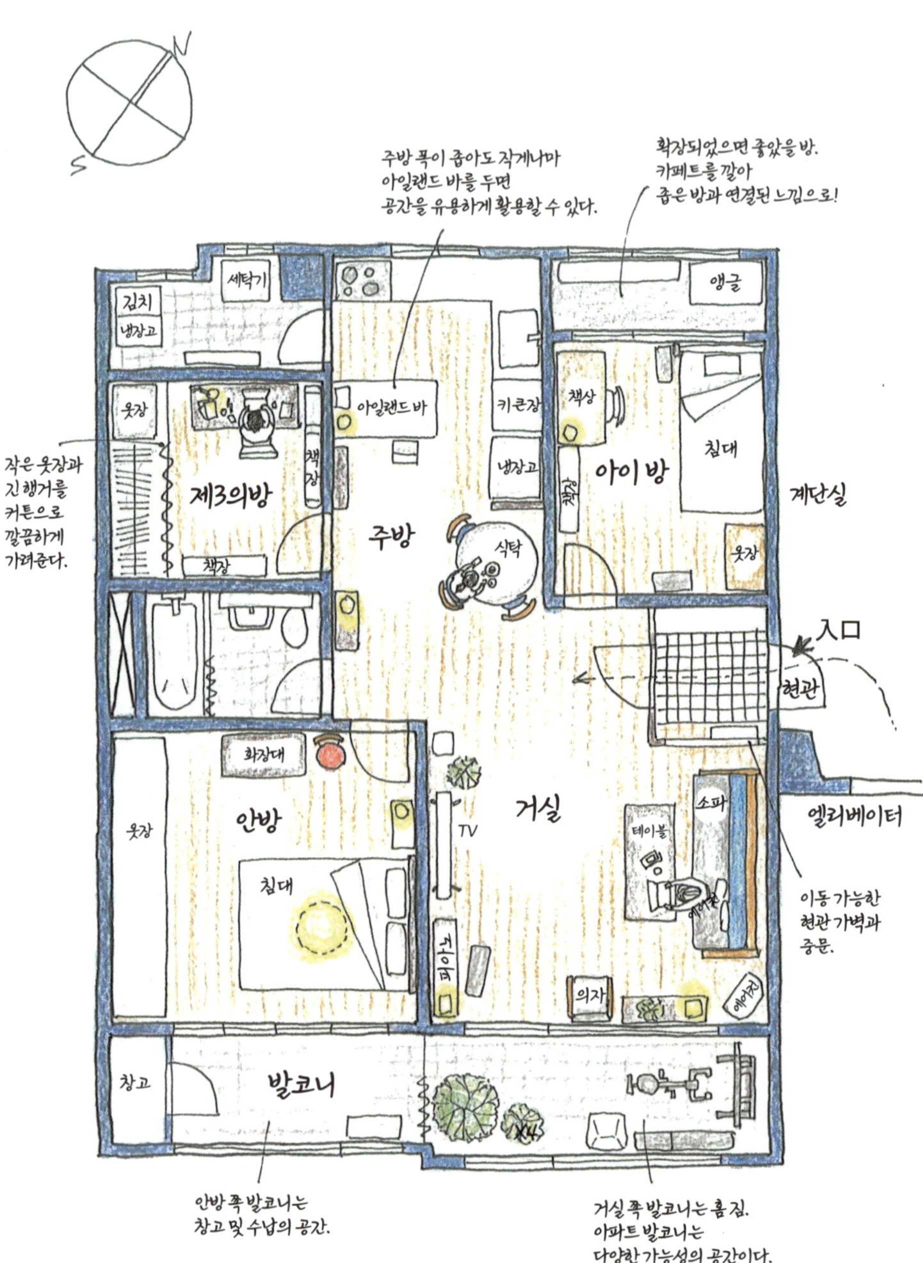

주방 폭이 좁아도 작게나마
아일랜드 바를 두면
공간을 유용하게 활용할 수 있다.
확장되었으면 좋았을 방.
카페트를 깔아
좁은 방과 연결된 느낌으로!
세탁기
김치
냉장고
앵글
옷장
책상
아일랜드 바
키큰장
책상
제3의방
주방
냉장고
아이방
침대
계단실
작은 옷장과
진행거를
커튼으로
깔끔하게
가려준다.
책상
옷장
식탁
入口
현관
화장대
안방
거실
소파
엘리베이터
옷장
침대
TV
테이블
이동 가능한
현관 가벽과
중문.
의자
창고
발코니
X4
안방쪽 발코니는
창고 및 수납의 공간.
거실쪽 발코니는 홈짐.
아파트 발코니는
다양한 가능성의 공간이다.

거실

다섯 번째 전셋집에는 이전 집보다 좁아진 크기에 맞게 소파와 TV, 피아노만 두어 단촐하게 구성했습니다.

이사 오기 전에는 거실 한쪽 벽에 전면책장을 두고 소파 이외에도 커다란 작업용 테이블을 둘 수 있었습니다. 아직 초등학교 저학년인 아이가 거실에서 아빠 엄마와 함께 책을 보거나 놀이를 할 수 있는 공간이 중요하다고 생각했지요.

어느덧 초등학교 고학년이 된, 그리고 중학생이 될 집에서 공용공간인 거실은 가족 모두의 휴식 공간으로 심플하게 두기로 합니다. 채워둔 공간이 아닌 필요할 때마다 적절히 채워가는 공간이 되도록 말이지요.

좌. 세 번째 집 가벽.
우. 네 번째 집 안방 옷장 가벽.

예전의 것들을 낭비하지 않고 다시
활용하거나 개선해서 사용한다.

현관을 열고 들어오면 보이는 오래된 아파트의 전형적인 구조. 이사를 준비하며 정말 많은 것들
을 치운 덕에 군더더기없이 꼭 필요한 것들만 놓인 거실의 모습이다. 장식적인 요소는 식물과
액자 정도다.

결혼 13년 만에 바꾼 가전 1호. 벽걸이형 TV와 고민을 좀 했는데 떠돌이 인생이라 거치형 TV는 다소 부담스러워 스탠드형으로 결정했다. 삼성 더 쉐리프 TV.

거실의 메인조명은 커튼박스 안에 T5 LED조명을 넣어 간접조명으로 공간을 밝히도록 했다(p122 세 번째 전셋집 거실 조명 작업 참고). 필요할 땐 기존에 달려있던 천장의 주광색 LED 등을 켜기도 하지만 너무 하얗고 밝은 인조조명을 싫어해 가능한 간접조명으로 생활하고 있다.

피아노 아래로 풋스위치를 위치하도록 해 불을 켜고 끄게 했다.

셋톱박스와 공유기는 벽에 다이소에서 구입한 철망을 나사못으로 고정하고 그 위로 케이블타이를 이용해 정리했다.

결혼 13년 만에 바꾼 가전 2호 에어컨. 낡아 헤진 인조가죽 소파 대신
긴 소파와 1인 소파를 새로 들였다. 긴 소파는 한스 웨그너가 디자인한
GE258 데이베드 소파, 1인 소파는 알바 알토의 model 45.

어두워질 때가 되면 부산스럽게 이곳저곳의 간접조명들을 켜고 또 잠이 들 때는 마찬가지로 끄고 다니느라 수고로울 수도 있다. 하지만 하루를 정리하는 과정이라고 생각하면 마치 커피 한 잔을 마시기 위해 핸드밀로 콩을 갈아 모카포트에 내리는 것처럼 기분 좋은 의식처럼 느껴질 때가 있다. 피아노 위 조명은 Flos의 piani.

공간의 크기를 줄이며 가전과 가구도 추려가기 시작했다. 어느덧 결혼생활 13년 차. 다섯 번째 전셋집으로의 이사라는 번거로움을 지금껏 사용해오던 것들과 늘려가던 것들을 정리하고 앞으로 오랫동안 사용할 것들로 추리는 변화의 기회로 삼기로 했다.

임시로 사용하던 소파 테이블을 치우고 최근에는 높낮이 조절과 확장이 가능한 테이블을 두고 사용한다. 작은 집에선 확장형 가구가 용이할 때가 있다. 모델랩에서 구입한 빈티지 제품.

거실에 적당한 크기의 테이블과 의자를 두면 자연스럽게 가족이 모여앉게 된다. 굳이 같이 무언가를 공유하지 않더라도 함께하는 시간이 소중하다. 한지 조명은 이사무 노구치가 디자인한 Akari 3X, 접이식 체어는 다케시 니이가 디자인한 니체어.

손님이 오거나 노트북 작업을 할 때 높이와 너비를 확장해 사용하다가 요즘은 아예 확장된 상태로 사용하고 있다. 쌓아올릴 수 있도록 만들어진 플라스틱 스툴은 무인양품 제품. 접이식 팔걸이의자는 디앤디파트먼트에서 구입한 니체어, 투명 접이식 의자는 CASTELLI의 plia 체어.

현관

현관의 중문은 살면서 조금씩 손봐가는 전셋집 인테리어답게 다섯 번째 전셋집에 이사 온 지 어느 정도 지나서야 추가로 완성하게 된 것입니다.

처음에는 가벽으로 시야만 가려주다가 어느 날 퇴근길 현관문 앞에 이르렀을 때 집안으로부터 새어 나오는 TV 소리 등 생활 소음이 밖에서 너무 잘 들린다는 걸 깨닫고 '아차차 이거 집에서 흥얼거리던 노랫소리가 계단실 쪽에 라이브로 생중계되었겠구나, 더 잘 불러 볼 걸…' 후회만 하던 차에 그러고 보니 네 번째 집에서는 기존의 중문 덕을 꽤 보고 살았다는 깨달음을 얻고 셀프로 중문을 설치해보기로 결정합니다.

더불어 전셋집 인테리어답게 여차하면 떼어서 다음 집에 설치할 방법도 같이 고민해보기로 합니다.

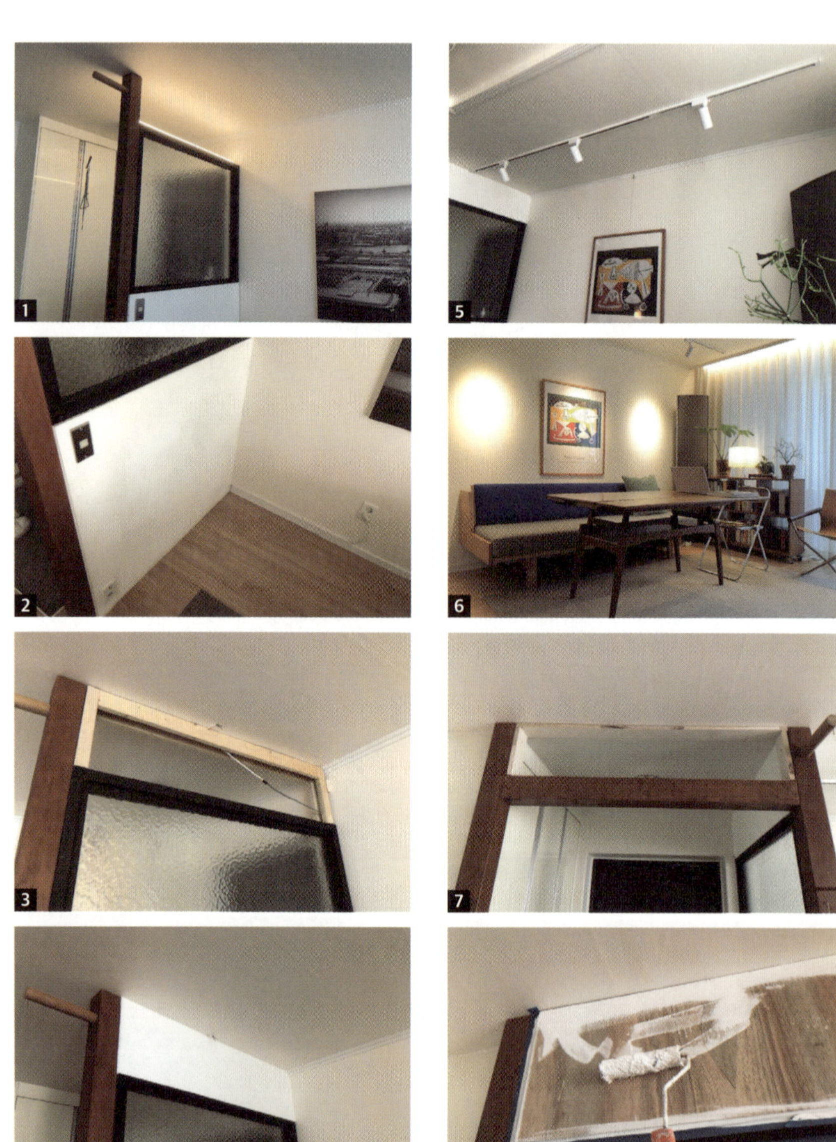

1-2. 중문 작업 전. 세 번째 전셋집에서 만들어 쓰던 가벽을 발코니에 잘 보관해오다가 이번 집에 옮겨왔다. 그 사이 벽 콘센트에서부터 전선을 따와서 가벽 안으로 통과시켜 콘센트와 스위치를 연결해 가벽 위쪽으로 T5 LED 조명 1개를 올려 사용하고 있었다.

3. 기존 가벽의 상단 벽을 막아주기 위해 각재로 프레임을 짠다. 합판으로 막고 페인트를 칠해준다.

4. 이때 기존의 T5 LED 조명을 분리하고 조명에 연결했던 전선을 연장해 천장 쪽으로 빼둔다.

5-6. 빼둔 전선에 레일 조명을 연결해 거실 조명을 추가한다. 앞서 설치했던 거실 커튼박스의 간접조명과 함께 레일 조명이 거실을 아늑하게 밝힌다.

7. 가벽 이외에 중문을 설치할 현관실 앞쪽 작업. 기존의 가벽 기둥에 맞춰 나란히 기둥을 하나 더 세우고 상단은 보로 연결하여 문틀을 만들어준다.

8. 가벽 상단과 같은 방법으로 합판을 이용해 상단을 막아주고 페인트칠한다.

9. 문틀 완성. 문을 구하기 어렵다면 여기에 커튼 봉을 달고 커튼으로 중문 역할을 대신할 수 있다.

10-11. 문이 완성되면 미리 준비해둔 중문을 (기성품 문짝을 따로 구입해 사용할 수도 있다) 문짝용 이지경첩 3개를 이용해 문틀에 달아 설치한다.

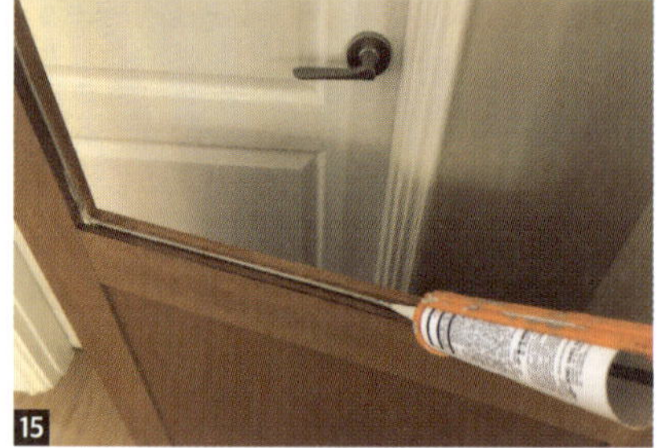

12. 그러나 제대로 된 중문을 달기로 했다. 문틀에 먼저 만들어둔 문짝을 달아준다.

13. 문을 닫았을 때 잡아줄 빠찌링을 문틀 상부에 고정한다.

14. 중문을 설치하고 남은 부분은 틀을 짜 하부는 막고 상부에만 유리를 넣기로 했다.

15. 유리 제작업체에 용도와 치수를 알려주면 적당한 유리 종류와 두께를 추천해준다. 사용한 유리는 5mm 두께의 일반 투명 판유리. 실리콘과 쫄대를 이용해 유리를 끼워 넣는다.

손잡이를 달아 완성한 현관실과 중문.

위. 현관문을 열고 들어갔을 때 보이는 모습. 방음과 외풍을 걸러주는 효과가 상당히 좋았다.

아래. 현관실 안쪽으로는 타일을 붙여 실외와 실내의 완충공간임이 느껴지도록 했다.

현관실 위쪽에 선반을 추가해
부족한 수납공간을 보완했다.

가벽과의 조화를 비롯해 집 전체의 분위기, 사용하는 가구에 자연스럽게 녹아들 만한 형태와
색감을 만들어내는 데에 대한 고민. 그리고 이사할 때 어렵지 않게 떼어갈 방법에 대한 고민이
합쳐진 결과물이다.

펜던트 조명이나 벽 조명등의 부착형 조명류는 이사할 때마다 설치와 해체가 가능하다. 펜던트 조명은 이탈리아의 guzzini 빈티지. 원형 식탁은 임스 테이블의 베이스에 따로 상판을 제작해 올렸다. 식탁 의자는 매그너스 올레센의 다이닝 체어.

주방

좁고 긴 형태의 구축 아파트에서 주방의 공간 구성에 큰 변화를 주는 것은 사실상 쉽지 않습니다. 기존의 싱크대 위치와 다용도실 문의 위치에 의해 어느 정도의 구조가 이미 정해져버린 상태이니까요.

폭 좁은 주방에서 ㄱ사로 꺾어진 싱크대라면 냉상고의 위치까지 거의 결정되어버린 것인데, 어떻게든 주방에 아일랜드 바는 놓으려고 하는 편입니다. 하다못해 보조 조리대라도요. 수납공간이 되면서 보조 조리 공간이 되고, 동시에 시각적으로 정돈된 느낌을 주기 때문입니다.

식탁 한가운데로 떨어지는 펜던트 조명도 꼭 설치하려는 편입니다. 기존 펜던트 조명의 위치와 높이, 조도만 적당히 조절해도 주방의 분위기는 사뭇 달라질 수 있지요.

조명 작업(주방 매입등)

천장에 레일등이 설치되어 있었다. 간단한 작업으로 광원을 추가하거나 이동할 수 있고 카페 같은 상업 공간의 느낌을 주어 좋아한다. 문제는 좁은 폭에 ㄱ자로 PAR30 사이즈의 커다란 레일등이 여러 개 달려 있으니 다소 어수선해 보이기도 했고, 특히 싱크대 상부장과 가까이 있어 문을 열거나 물건을 꺼낼 때 간섭이 있었다. 떼어버리고 매입등(다운라이트)으로 교체하기로 결정했다.

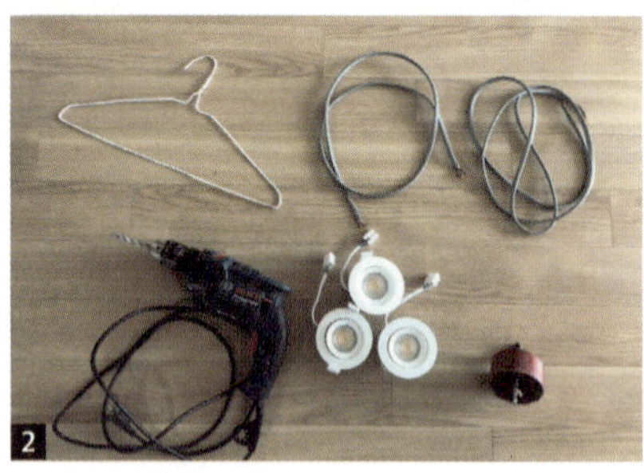

1. 천장 도배가 끝나고 조명용 선만 하나 남겨둔 상태.

2. 다운라이트(3인치) 외에 전동드릴, 홀쏘, 전선, 세탁소 옷걸이를 준비한다. 다운라이트도 여러 사이즈가 있다. 광원 방향 넓은 면보다는 지름이 작고 몸통보다는 지름이 큰 홀쏘로 천장에 구멍을 뚫고, 다운라이트에

전선을 연결해 몸통을 천정으로 밀어넣어 고정하는 방식으로 설치한다.

3-4. 전동드릴에 홀쏘를 체결해 천장에 다운라이트가 들어갈 구멍을 뚫는다.

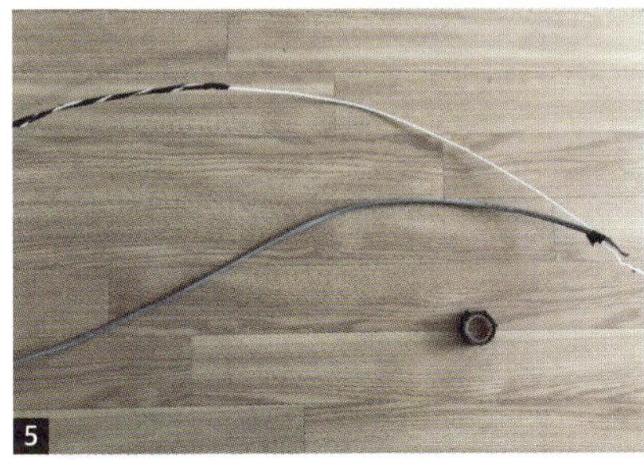

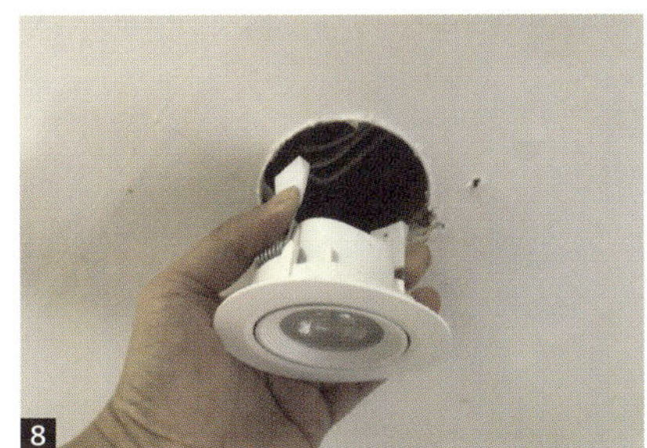

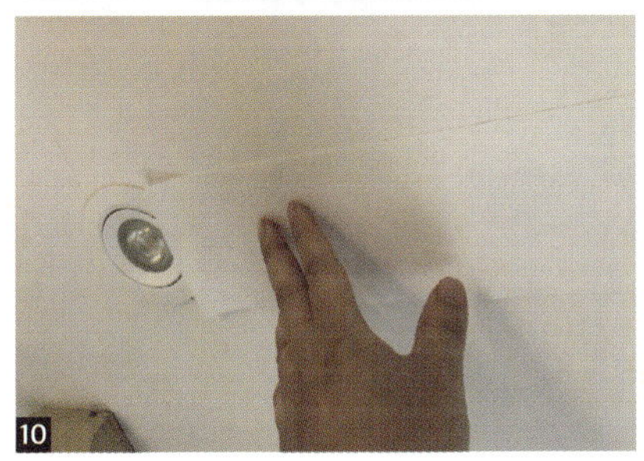

5. 천장 안으로 전선을 연결하기 위해 세탁소 옷걸이의 철사를 펴 전선에 연결한다.

6. 뚫어놓은 구멍 안, 천장 빈 공간을 통해 구멍과 구멍 사이 전선이 연결되도록 한다. 천장 안 공간이 좁아 한 번에 연결할 수 없어 중간에 추가로 구멍을 뚫은 곳이 보인다.

7. 전선이 연결되었다면 전선에 매입등을 연이어 연결하고 구멍 안으로 넣는다.

8. 스프링이 달린 집게 부분을 '만세' 하는 모양으로 위로 올려 넣어주어 스프링의 탄성으로 집게가 아래로 내려오며 천장 안쪽을 잡아주는 원리를 활용한다.

9. 도배 끝나고 보수용으로 남겨놓은 도배지에 풀을 발라 준비한다.

10. 필요 이상으로 뚫어놓은 구멍들을 막아준다.

다운라이트 세 개 매입 완성!

추가 작업. 낡은 가스 감지기를 흰색으로 칠해준다. 싱크대 상부 장과 천정의 틈을 실리콘으로 메워주는 등 깔끔하게 마무리하는 디테일을 추가한다.

도배와 매입등 설치만으로 천장이 깔끔해졌다.

아일랜드 바는 네 번째 전셋집에서 쓰던 것을 좁아진 주방에 맞게 길이를 줄이
고 상판 아래로 T5 LED 조명을 추가했다.

아일랜드 바 옆 빈 벽엔 모듈형 선반을 달았
다. 상단의 조명은 아일랜드 바 위를 비춰 다
운라이트만으로는 부족한 광량을 보충했다.

1. 전원을 연결할 수 있는 콘센트 하나 없는 빈 벽에 아일랜드 바를 설치하기로 했다.

2. 벽 맞은편 냉장고 쪽 콘센트에서부터 싱크대 아래 빈 공간을 이용해 멀티탭을 연결해 전원을 끌어왔다.

3. 애초에 카페에서 카운터로 사용하던 아일랜드 바의 흔적들. 네 번째 전셋집에서 크기를 줄여 사용하다가 이 집에서 한 번 더 크기를 줄였다.

4. 목재로 틀을 만들고 스테인리스 패널로 만든 상판을 얹어준다.

5. 아래로는 바퀴가 달린 분리수거함을 넣어 사용했다. 동시에 안쪽으로 멀티탭을 넣어 T5 간접조명부터 테이블 램프, 블루투스 스피커, 로봇청소기와 커피 머신 등 어지러워 보일 수 있는 콘센트들을 가려주는 역할도 했다.

6. 전선 정리 몰딩으로 멀티탭 선을 정리하고 지저분한 다용도실 문틀도 칠해주었다.

냉장고 가벽 만들기

결혼 13년 만에 바꾼 가전 3호 냉장고. 냉장고는 ㄱ자형 싱크대의 연장선에 두는 것
이 일반적이다. 특히 이 집과 같이 싱크대 끝에 키 큰 장이 있는 경우에 냉장고를 반대
쪽 벽에 놓는다면 두 개의 높이와 부피가 큰 가구와 가전이 좁은 주방을 양옆에서 막
는 형국이 되기에 주방을 어둡고 답답하게 만들 수 있다.

같은 너비에 비해 용량은 줄어들지만, 깊이가 덜해 싱크대 라인 밖으로 툭 튀어나오지
않는 키친 핏 냉장고를 두었는데 냉장고 옆면이 그대로 드러나 정돈된 느낌이 부족했
다. 세 번째 전셋집에서 이미 냉장고 가벽을 만든 적이 있지만 이번에는 좀 더 심플하면
서 포인트가 되는 느낌으로, 나중에 쉽게 이동이 가능한 형태의 가벽을 만들어보았다.

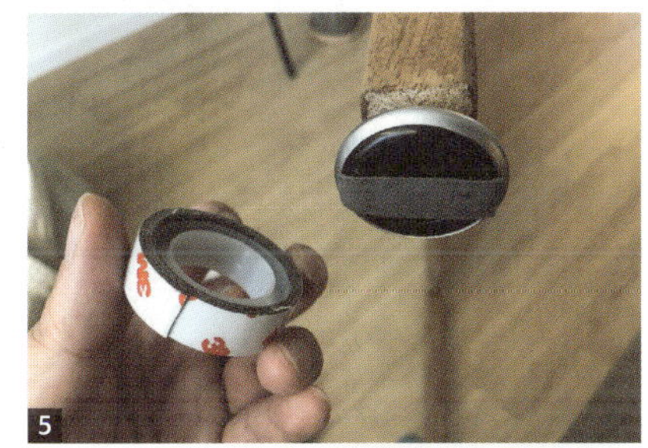

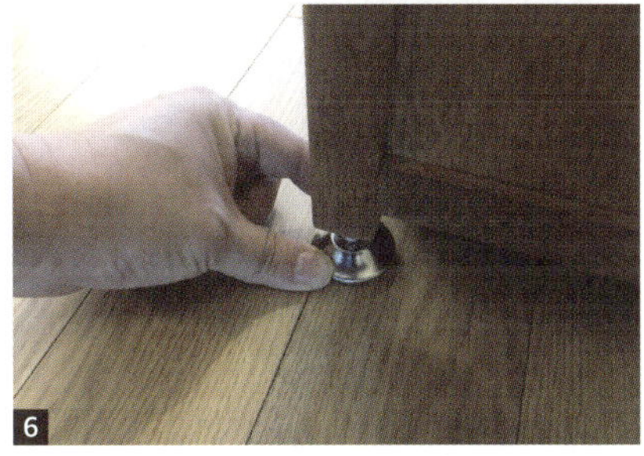

1. 합판은 냉장고의 옆면 크기 정도로 잘라 준비하고 각목은 라왕각재를 이용한다. 높이는 바닥에서 천장-4cm 정도 작게, 너비는 합판의 가로길이가 되도록 2개씩 잘라 준비한다.

2. 각목이 합판을 둘러싸며 테두리가 되는 동시에 천장과 바닥에 연결된 기둥이 되도록 할 예정.

3. 바닥과 천장 사이에 어떻게 지지해야 손상도 없고 재설치도 가능할까 고민하다가 기둥이 될 부분 위아래에 구멍을 뚫어주고 나사선이 있는 '조절발'을 이용해 볼트처럼 끼워 넣는 방법으로 위아래를 잡아주게 했다.

4. 조절발을 기둥 위와 아래 총 4곳에 연결해준다. 원하는 색으로 칠해주어 다듬으면 완성.

5. 천장, 바닥과의 접지력을 높여주기 위해 양면테이프를 붙여준다.

6. 조절발을 돌려가며 수평, 수직을 맞춰 가벽을 세워준다.

냉장고 가벽 설치 완성. 남은 빈 벽에는 3인용 원형 테이블을 두었다.

큰 공사 없이 아일랜드 바와 냉장고 가벽, 선반 등으로만
느낌을 더하고 정리한 주방.

아쉬운 건 적당히 감내하고 고칠 수 있는 건
적당히 고쳐가며 사는 것이 전세살이의 묘미.

안방

구축 아파트에서의 안방 공간 배치는 사실 거의 정해져 있습니다. 32평형의 안방이라면 공간이 넓다보니 가벽을 세우는 등의 변화를 생각해볼 수도 있었지만 20평형 후반대의 안방이라면 안쪽엔 옷장을, 남은 공간에 침대와 화장대 정도를 두는 배치가 열에 아홉일 겁니다. 가끔 안방을 업무공간 등으로 사용하거나 자녀에게 양보하는 경우도 간혹 있지만요. 세 번째 전셋집에서처럼 침대헤드를 창가 쪽으로 돌리는 고려 정도는 해볼 수 있겠네요. 자칫 뻔해질 수 있는 공간이지만 전체적인 톤을 맞추고 조명을 활용해 쾌적한 침실을 만들고 싶었습니다.

이사 전. 아마도 전 임차인은 커튼을 대신해 뽁뽁이를 붙였던 것 같다. 창가 끝 여분의 벽이 마치 여기가 옷장을 놓을 자리라는 듯 여백을 두고 기다리고 있다.

이사 후. 침실 커튼은 가능한 한 늘 빛이 투과되는 얇은 커튼과 암막커튼을 이중으로 레이어드하고 있는데 커튼을 이중으로 설치하면 커튼박스 안에 간접조명을 넣을 수 없기에 부드러운 한지 느낌의 펜던트 조명을 달아보기로 했다.

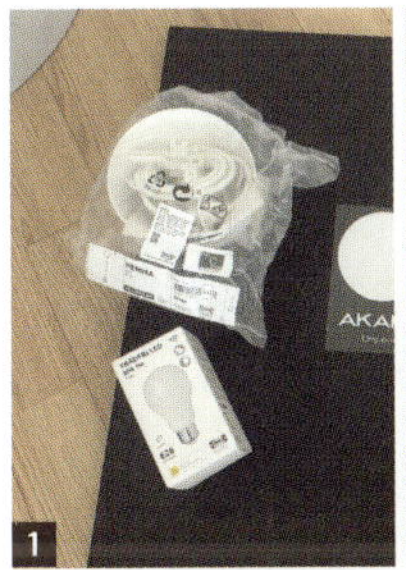
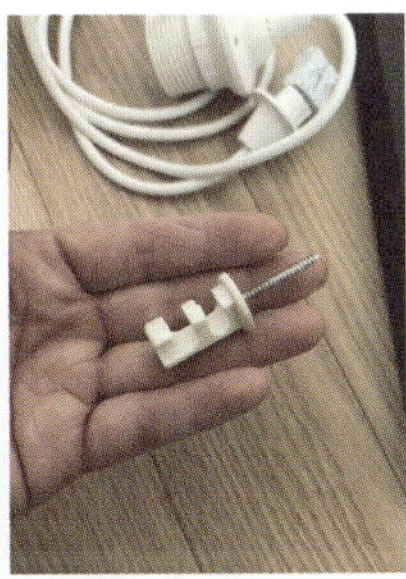

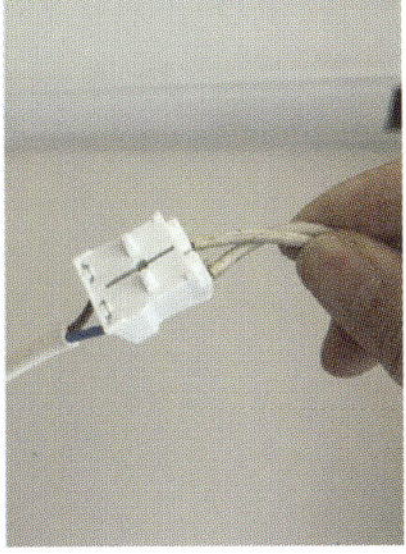

1. 펜던트 조명(이사무 노구치의 Akari 55A)과 펜던트 조명용 전선(이케아의 헴마)을 준비한다. 천정에 전선을 고정할 철물도 준비한다. 철물점에서 쉽게 구할 수 있는 끝에 나사선이 달린 ?자 모양의 고리도 괜찮다.

2-3. 천장에 전선을 잡아줄 철물을 고정한다. 전구를 끼운 펜던트 조명용 전선(이케아의 헴마)을 걸어준다.

4. 플러그와 스위치가 연결된 전선을 준비한다. 앞서 천장에 고정한 펜던트 조명용 전선에 연결해주면 밑작업 완료.

5-6. 전구에 등 갓을 씌우고 플러그를 콘센트에 연결해준다. 스위치로 조명을 작동시킨다. 거실 커튼박스에 설치한 간접조명도 넓게 보면 같은 방법이다. 전구를 끼운 소켓과 스위치, 플러그만 전선으로 잘 연결하면 전기공사 없이 다양한 위치에 조명을 설치할 수 있어 자주 활용하는 방법이다.

펜던트 라인

빨갛게 표시한 선이 전선이 지나간 부분. 커튼 박스 안쪽과 커튼 뒤로 전선을 돌려 깔끔하게 정리했다.

주광색의 LED 천장등은 밝은 빛이 필요할 때만 쓰고 보통은 침대 위 펜던트 램프, 침대 옆 테이블 램프, 그리고 침대헤드의 독서등으로만 침실을 밝히는 편.

이후 콤비락 부품과 유리를 직접 주문해 침대 협탁을 만들었다. 일본 여행에서 구입한 테이블 램프(Akari 3X)를 놓아 펜던트 램프와 구색을 맞췄다.

협탁을 대신하던 보조의자(artek model 66)는 문 옆에 오브제처럼 두고 필요할 때마다 화장대 의자로 활용한다.

사춘기 중학생 아이 방

앞서, 구축 아파트에서 안방 이외의 두 개 방 중에 베란다가 어디에 있느냐에 따라 방의 용도가 거의 정해진다고 했지요. 베란다 없는 방 쪽으로는 보통 다용도실이 있기에 좁고 어두우니 아이가 한 명인 경우엔 보통 베란다 있는 방 쪽이 아이 방이 됩니다.

이 구조에서 거실 확장은 호불호가 갈릴 수 있겠지만 이 방은 확장하는 게 쓰임에 좋다고 생각합니다. 크기도 크고 심지어 확장까지 되어있던 전 집에서의 아이 방보다 작아져 이 아담한 방 안에 어느덧 중학생으로 성장하게 된 사춘기 아이에게 꼭 필요한 침대와 책상, 책장, 옷장이 들어갈 수 있는 배치를 고민했지요.

이사 전. 낡은 장판과 오염된 벽지로 황량한 느낌까지 들었다.

이사 초기. 벽과 바닥 작업 후 가구만 넣었을 때. 아직은 허전한 부분이 많다.

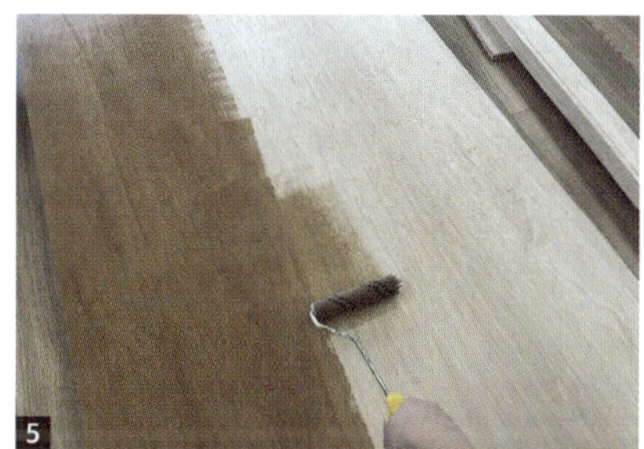

1. 이케아 호프발스 벌집 블라인드. 네 번째 전셋집에서 현관실의 낡은 창살을 가려주던 것. 마침 침대헤드 사이즈와 얼추 맞아 재활용했다. 헤드를 창가 쪽에 두어 겨울철에는 커튼과 블라인드가 이중으로 냉기를 막아주는 역할을 한다.

2. 블라인드 앞 커튼박스 남은 공간에 T5 LED 조명을 설치해준다. (p122 거실 커튼박스 안 간접조명 설치와 같은 방법)

3-4. 나왕합판 1장을 동네 제재소에서 잘라온다. 좁게 켠 합판으로는 기둥의 역할을 하도록 ㄷ자 단면으로 길게 만들어준다.

5. 넓은 한판과 기둥으로 만든 기둥을 스테인으로 칠해준다.

6. 적당한 진하기가 나올 때까지 반복한다. '아이생각 호두나무 컬러'를 사용했다.

7. ㄷ자 단면으로 길게 만든 기둥을 헤드 옆에 세워준다. 기둥의 단면을 ㄷ자로 만든 이유는 블라인드의 길이가 침대헤드보다 살짝 튀어나와서 깔끔하게 가려주고 동시에 합판 한 장만으로 기둥과 옆 판까지 만들어 재료비를 절감하기 위해서다.

8. 힘을 많이 받는 기둥이 아니니 아래는 양면테이프로 바닥에 살짝 고정하고 상부에만 ㄱ자 꺽쇠를 이용해 커튼박스 안쪽에 나사못으로 고정했다.

9. 넓게 켠 합판은 침대 옆에 대어준다. 따로 고정하지 않고 침대헤드와 옷장이 잡아주고 있다.

10. 이전 집에서도 같은 방법으로 침대 옆에 합판을 대주었다. 아늑한 느낌을 줄 뿐만 아니라 침대를 벽에 길게 붙여 사용하면 등을 벽에 기대어 앉게 되더라도 벽지의 오염을 막아주기도 한다.

작업 완료. 화이트와 블랙, 우드가 주로 쓰인 이유는 사춘기에 접어든 딸아이가
화려한 컬러나 파스텔톤 따위를 허용하지 않았기 때문. 패션도 무채색 위주의
일명 까마귀 패션. 핑크 책상 의자 시트도 블랙으로 바꿔줄 정도로 취향을 십분
존중해 가구를 골랐다.

자기만의 옷장이 필요한 시기. 계절 옷이나 부피가 큰 옷은 안방의 옷장이나 제3의 방 행거에 따로 보관 중이지만, 수시로 꺼내 입는 생활복은 세 번째 전셋집에 거주하던 유아기 시절 만들어줬던 이 작은 옷장에서 사용 중.

침대 맞은편으론 문을 열고 베란다까지 자연스럽게 이어진 동선을 중심으로 책상과 책장이 놓인다. 책상에 자연광이 들어왔으면 하는 바람의 책상 배치.

발코니 바닥엔 스튜디오에 사용하다 남은 카펫의 자투리를 깔아 발코니 창문을 열었울 때 자연스럽게 방이 발코니까지 확장된 느낌을 내고 있다.

제3의 방 Extra Room

방이 세 개인 집에서 안방, 아이 방에 이어 뭐라 규정하기 힘든 복합적인 기능을 가졌기에 제3의 방이라고 규정한, 집에서 가장 작은 세 번째 방입니다. 아이가 둘 이상이었다면 이곳도 아이의 방이 되었겠지요.

네 번째 전셋집에서는 큰 안방 안에 드레스룸을 구성해 모든 옷가지를 수납할 수 있었기에 이 방에 여유가 넘쳤는데 다시 집을 줄이게 되니 이 방으로 옷들이 돌아왔습니다. 채광이 창문 너머 세탁기와 건조기, 선반 등으로 채워진 다용도실을 거쳐 들어오기에 하루종일 전체적으로 어두운 방. 자칫 지저분해 보일 수 있는 행거는 커튼으로 적당히 가리고 책장에 테이블을 연결해 나만의 공간을 포기하지 못한 아빠를 위해 소박하게나마 남자의 동굴을 만들어주기로 합니다.

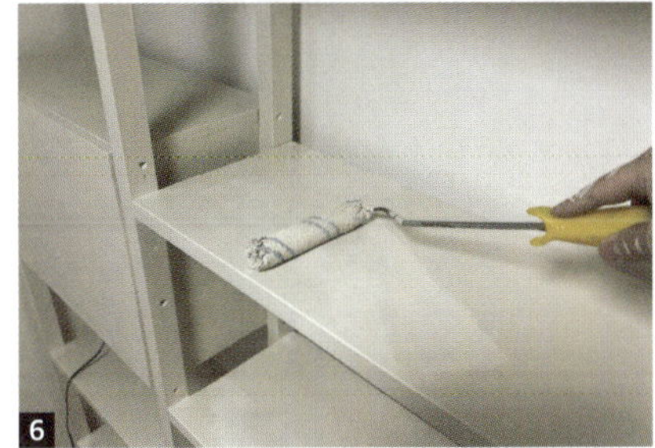

1-2. 좁고 어두운 방. 벽과 바닥을 정리해준다.

3. 창 바깥쪽이 다용도실이라 창문을 열 일이 없었다. 낡은 창틀과 창호를 가려주면서 채광을 최대한 살리기 위해 빛을 투과하는 한지 느낌의 저렴한 주름식 블라인드를 붙였다. 이케아 쇼티스.

4. 커튼박스 안쪽에 T5 LED 조명을 설치해준다. 거실 및 아이 방 간접조명과 같은 작업이다.

5. 자그마치 첫 번째 전셋집에서부터 만들어 사용하던 책장. 집에서 가장 오래된 가구가 되었다.

6. 베이지와 그레이 중간 컬러로 조색한 페인트를 칠해준다.

책장 앞에 테이블을 두어 작업공간을 만들었다. 지금 이 책을 쓰고 있는 시간 대부분을 보낸 곳이다.

옷을 걸어둔 헹거가 있는 부분은 롤 블라인드로 전면을 가려 시각적으로 깔끔하게 정리했다.

책장 한 칸에는 시계나 지갑, 차 키 등의 소지품을 두고 향수나 화장품을 올려놓기도 했다. 작은 방. 여분의 옷과 책의 수납공간이기도 하지만 나만의 공간이라고 생각한다.

욕실

지금까지 네 번째 전셋집을 거쳐온 중에 이 집의 욕실 컨디션이 가장 좋았습니다. 아마도 몇 해 전, 주방과 욕실 공사를 한 번에 한 것 같았습니다. 부분 인테리를 할 때에 철거 후 타일 작업을 진행하면서 욕실 벽과 주방 벽을 같이 하고, 싱크대 상하부장을 넣으며 같은 재질로 신발장을 짜 넣을 수 있지요. 여기에 좀 더 신경 쓴다면 타일 작업할 때 발코니와 현관 바닥의 타일을 같이 시공해주기도 합니다.

전체적으로 깔끔한 상태였는데 물이 많이 닿는 곳의 실리콘에 곰팡이가 깊숙이 오염되어 있어서 실리콘 작업을 해주고, 욕실 수납장의 크기가 작아 이전 집에서부터 사용하던 수납장으로 교체하는 정도로 정리해주기로 합니다.

네 번째 전셋집에서 사용한 슬라이딩도어의 전면 수납장을 설치하고 천장등에서 선을 끌어와 수납장 아래에 T5 LED 조명을 간접등으로 설치했다. 샤워부스가 없는 경우 물이 튀는 걸 방지하기 위해 샤워커튼을 늘 사용한다.

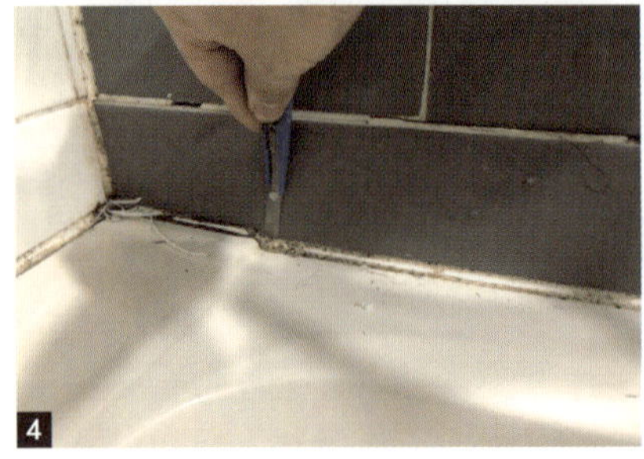

1. 제때 관리해주지 않아 곰팡이가 실리콘 안까지 침투했다.

2. 실리콘 제거기와 커터칼을 사용해 제거한다.

3. ㄱ자 단면의 실리콘 제거기를 이용해 전체적으로 긁어 떼어낸다.

4. 커터칼로 정리를 마무리한다.

5. 실리콘을 다시 쏴주는 것만으로도 한결 깨끗해졌다. 가능한 건조한 상태로 사용하고 표면에 물때가 끼었을 때 곰팡이 제거제를 이용해 자주 닦아 관리하는 게 좋다.

발코니

확장되지 않은 구축 아파트 거실의 발코니는 외부와 내부의 절충지대이자 작은 마당이기도 하고 수납공간이기도 합니다. 거실에서 잘 보이지 않는 안쪽으로 짐을 수납하는 경우가 많지만 개인적으로 가장 선호하는 쓰임은 깔끔하게 바닥을 비워 여백의 미를 두고 혹한기에 거실 안으로 들여놓을 수 있을 정도의 식물 몇 개를 두는 배치입니다. 보통 발코니 끝에 선반을 두어 캠핑용 짐 등을 수납하곤 했는데 운영 중인 스튜디오 창고로 짐을 옮겼기에 이번 발코니에는 네 번째 전셋집 제3의 방에서 사용하던 홈 짐 장비를 둘 수 있었지요. 집에 있는 물건을 덜어내기로 결심했으니 이것들도 슬슬 치워야겠습니다.

홈 짐 장비래봤자 철봉과 실내용 사이클, 인클라인 벤치와 덤벨 정도. 나중엔 결국 이것들도 치웠다. 네 번째 집에서 다섯 번째 집으로 집의 크기와 살림을 줄여나가면서 점점 주변 물건을 정리하고 취향에 맞는 것들로 엄선해가는 추림의 재미를 알게 되었다.

네 번의 여름과

네 번의 겨울을 보냈다.

이 집에서
첫 크리스마스 트리를 장식할 때만 해도
초등학생이었던 딸아이는

네 번째 크리스마스 트리를 장식할 땐
어느덧 중학생이 되었다.

덴마크 사람은 왜 첫 월급으로 의자를 살까

세계에서 행복 지수가 가장 높은 나라 중 하나인 덴마크 사람들은 첫 월급으로 의자를 산다고 합니다. 첫 월급을 받을 때까지 의자 없이 살다가 비로소 의자 하나 구입한다는 뜻은 아닐 테고요. 집이라는 공간을 구성하는 가장 기본적인 인테리어 아이템인 의자처럼 자신의 생활공간을 구성하는 가구, 조명, 소품 등의 살림살이를 모두 포함하는 표현이라고 생각합니다.

의미 있는 첫 월급으로 나와 가족의 공간을 먼저 아름답게 가꾸는 것. 의자를 비롯해 테이블, 소파, 수납장 등의 가구에서 테이블 램프, 펜던트 램프, 플로어 램프 등의 조명과 집 안 곳곳을 채우는 소품과 살림살이를 고르는 안목을 기르고 소비를 경험해보는 것. 오늘 좋은 가구를 사는 행위로 내일의 나에게 더 나은 공간을 선물해주는 과정과 결과를 경험한다는 것에 그 의미가 있습니다.

첫 번째 전셋집에서 다섯 번째 전셋집에 이르기까지 18년의 시간을 보내며 인테리어에 관심을 가지다 보니 안목이 생기게 되고 또 욕심이라는 것도 생기더군요. 특히 좋은 가구와 조명에 대한 관심은 첫 번째 전셋집에서도 적지 않았습니다. 구하기 어려운 가구를 비슷한 느낌으로 만들어보고 조명을 리폼해보기도 했던 이유입니다.

신혼집으로 마련한 첫 번째 전셋집에서 처음엔 그 정도로도 만족을 했는데 조금씩 진짜의 물건을 탐내게 되었습니다. 생일이며 결혼기념일 같은 기념일마다 부담 없는 오리지널 가구와 조명을 스스로에게 선물하거나 운영했던 카페와 현재 운영 중인 스튜디오의 인테리어를 핑계 삼아 하나씩 손에 넣어보고 있습니다. 그 과정은 현재도 진행형이고요.

가성비를 빼놓고 이야기할 수 없는 전셋집 인테리어에서 가격대가 있는 오리지널 가구와 조명을 이야기하는 것이 다소 이질적으로 느껴질 수도 있을 것 같지만, 한편으론 집 자체에는 최소한의 비용과 노력을 들이고, 들고 갈 수 있는 것들에 집중하는 것이 전셋집 인테리어의 핵심이기에, 분명 둘 사이에는 교차점이 있다고 생각합니다.

물론 반드시 고가의 의자일 필요도, 이름 있는 디자이너의 마스터피스일 필요도 없습니다. 새 것일 수도 있고, 잘 관리된 빈티지일 수도, 혹은 누군가 편하게 사용하던 중고품일 수도 있습니다. 때론 디자인에 혹해서 구입한 소위 짝퉁 의자면 어떤가요.

내 집이든 전셋집이든 월셋집이든 자취방이든 옥탑방이든, 덴마크든 대한민국이든, 집이라는 공간을 나와 가족이 좋아하는 것들로 채우는 일, 그 와중에 생활의 편리와 기능을 생각하는 것 이것이 인테리어에서 가장 중요한 기준이 아닐까요.

2017년. 결혼 후 9년 만에 처음으로 구입한 디자이너스 체어. 에곤 아이어만이 디자인한 SE58. 빈티지 가구 매장 mk2에서 30만 원에 구입했다.

빈티지 가구 입문자를 위한
안내 & 추천 매장

오랫동안 가구에 관심이 있던 사람에게는 구입 노하우가 있 겠지만, 이제 막 가구를 알아보는 사람이라면 '오늘의 집'이 나 '원룸 만들기' 같은 온라인 집들이 어플리케이션의 '내 집 소개' 카테고리 이용을 추천합니다. 다른 이들의 온라인 집 들이를 보다 보면 어느새 관심이 커지고 안목이 생겨나게 되 기 마련입니다.

저는 틈날 때마다 가구와 조명 등을 취급하는 매장을 돌아다 니고 크고작은 소품샵을 기웃거리기도 합니다. 해외여행에 서도 기회가 생기면 매장을 방문해보고 가구는 무리더라도 (라고 말했지만 생각해보니 일본 여행에서 세 번째 전셋집의 소파를 해외 배송으로 들여온 적도 있군요) 작은 조명이나 소품, 손잡이나 경 첩 같은 부담 없는 크기의 것들을 구입해오곤 했네요.

빈티지 가구에도 관심이 있는데, 새 제품에서는 느낄 수 없는 특유의 파티나(오랜 시간 사용하며 쌓인 고유한 멋과 정취)를 좋아 합니다. 잘 관리된 빈티지 가구나 조명은 중고품의 가격방어 력도 괜찮은 편이라 그때그때 필요에 따라 처분하기도 하면 서 점차 추려가는 중입니다.

오리지널 빈티지 가구 구매를 고려하고 있다면 우선 오프라 인 매장에 가보시길 추천합니다. 대부분 잘 관리되어 있고 적 당한 가격이 책정되어 있습니다. 안전한 배송, AS도 가능하 고요.

경기도 양평에 있는 mk2 쇼룸. VITSOE 선반을 비롯해 독일 등에서 넘어온 빈티지 가구를 만날 수 있다.

사전예약제로 운영되는 파주 헤이리의 GUVS. 예약제로 운영되는 곳들이 많아 방문 전 확인하는 게 좋다.

오리지널 빈티지 가구를 가장 저렴하게 구입하는 방법은 이베이(https://www.ebay.com) 등을 통한 해외 직구입니다. 현지 판매자와 직접 소통하는 방법이 있고, 겟츠(https://www.gets.co.kr)나 몰테일(https://post.malltail.com) 등의 구매대행업체나 개인 구매대행업자를 통한 구입도 가능합니다. 간혹 비싼 배송비에 놀랄 때도 있으니 확인이 필요합니다.

때론 중고나라나 당근마켓 같은 중고거래 플랫폼에서 구입할 때도 있습니다. 단, 오리지널 여부를 확인할 줄 아는 최소한의 안목과 적당한 가격에 대한 판단은 필수입니다. 결국은 유행 아이템에서 시작해 나만의 애착 가구를 찾기까지의 고민은 전셋집 인테리어와 마찬가지로 한 번의 선택으로 끝내는 결과라기보다는 다양한 시행착오를 통한 긴 호흡의 과정입니다.

제가 좋아하는 빈티지 가구업체 7곳을 소개합니다(abc순). 서울에서 경기도까지, 가구와 조명을 취급하는 창고형 대형 쇼룸부터 테이블웨어 등의 소품을 취급하는 아담한 쇼룸에 이르기까지, 찾아보면 다양한 업체가 이곳저곳에 보물처럼 숨어 있습니다.

왠지 문턱이 높을 것 같다는 편견은 내려놓으시고 가벼운 마음으로 찾아보시길 바랍니다. 더불어 대표님들에게 잦은 이사에도 불구하고 인테리어를 포기하지 못하는 이들을 위한 아이템 몇 가지 추천을 부탁드렸으니 '덴마크 사람들처럼 첫 월급으로 사는 의자'는 아니더라도 '언젠가 꼭 갖고 싶은 가구'로 한 번쯤 고려해보시는 건 어떨까요?

B2PROJECT

비투프로젝트

대표 권용식
서울 종로구 동숭3길 6-6
www.b2project.co.kr
@b2project_story

B2PROJECT를 소개해주세요   비투프로젝트는 공간이 삶에 미치는 영향에 주목하며, 다양한 문화 경험을 통해 새로운 관점과 가치를 제안합니다. 이러한 활동은 지난 18년간 유럽의 도시와 골목을 걸으며 1940~70년대 미술, 디자인, 건축을 탐구해온 여정에서 비롯되었습니다. 그 과정에서 만난 사람들과의 교류, 그리고 문화적 결을 공유하는 작가들과 함께 창조적 공간을 만들어가는 일이 비투프로젝트의 핵심입니다.

현재 비투프로젝트는 대학로와 강서, 홍은, 충무로 네 곳에서 각각 전시와 공연이 어우러지는 복합 문화공간, 프라이빗 갤러리, 레지던시 기반 생활공간, 게스트룸 등 다양한 방식으로 예술과 삶을 연결하고 있으며, '공간을 통해 문화를 경험한다'는 철학 아래 새로운 가치를 나누는 여정을 이어가고 있습니다.

강서 프라이빗 갤러리.

대학로 복합문화공간.

알프 스벤손의 라운지 체어

알프 스벤손(Alf Svensson)은 1960~70년대 북유럽 디자인의 감성을 이끌어온 스웨덴 출신의 가구 디자이너로, 주로 스웨덴의 대표 가구 제작사 DUX와 함께 활동하며 많은 명작을 남겼습니다. 특히 1960년대 후반부터는 잉베 샌드스트룀(Yngve Sandström)과 디자인 협업을 시작하며, 소재의 조화와 유려한 실루엣을 강조한 작품들을 선보였습니다. 이 체어는 스벤손 특유의 부드러운 곡선미와 편안함을 담은 디자인이 돋보이며, 가죽과 하드쉘 바디의 대비가 미드센추리 스칸디나비아 디자인 특유의 세련된 균형감을 드러냅니다. 단순히 '앉는 가구'가 아닌, 공간에 여유와 깊이를 더하는 오브제로서 스벤손의 디자인 철학이 그대로 녹아 있는 작품입니다.

닐스 스티리닝의 프리스탠딩 북쉘프

스웨덴의 건축가이자 디자이너인 닐스 스트리닝(Nils Nisse Strinning)의 디자인 철학과 직관적인 구조미를 그대로 보여주는 시스템 선반입니다. 스트리닝은 스웨덴 최대 출판사 'Bonier'의 의뢰로 아내 카이사 스트리닝(Kajsa Strinning)과 함께 새로운 형태의 선반 시스템을 개발하였고, 그 과정에서 탄생한 스트링 시스템(String System)은 스틸 골조 사이에 가볍게 선반을 얹는 단순하면서도 유연한 구조로 큰 주목을 받았습니다. 1950년대 북유럽 모던 디자인의 특징인 기능, 단순함, 따뜻한 질감을 완벽히 담아냅니다. 단순한 수납을 넘어 공간을 정리하고, 선을 정돈하고, 시선에 여백을 남기는 방식의 프리스탠딩 타입의 북쉘프는 벽 고정이 필요 없는 독립형 구조로, 이동과 보관이 자유롭습니다.

GUVS
구빈티지샵

대표 박혜주
경기도 파주시 탄현면 헤이리마을길
93-140
www.guvintageshop.com
@guvintageshop

GUVS를 소개해주세요　　GUVS는 미국에서 시작한 빈티지 가구 큐레이션을 기반으로, 지금은 스튜디오를 중심으로 자체 디자인 가구와 오브제를 선보이는 브랜드입니다.

오랫동안 미국과 한국을 오가며 세계 곳곳의 빈티지 가구를 소개해 온 GUVS는 이제 미국에서 디자인하고 한국에서 제작하는 시스템으로 영역을 확장하고 있습니다. 미국에서 출발한 아이디어와 한국 제작자의 정교한 손길이 만나 일상 속에서 오래 머무를 수 있는 형태와 비율의 가구를 만들고 있습니다.

파주 헤이리에 위치한 GUVS 쇼룸.

임스 파이버 글라스 체어

가볍고 이동이 쉬우며, 지난 100년간 가장 성공적인 디자인 아이콘으로 자리 잡아온 의자입니다. 내구성과 조형성, 편안함을 고루 갖추고 있어 어떤 공간에서도 무리 없이 어울립니다. 어떤 가구와 매치해도, 또 혼자만 두어도 색감과 형태에서 안정적인 조화를 이룹니다. 오랜 기간 대량 생산된 디자인인 만큼, 50년이 넘은 빈티지 제품도 비교적 합리적인 가격대라 첫 빈티지 가구로도 부담이 적습니다.

SH 시리즈 테이블

SH는 'Saw Horse Leg'의 약자로, 전통적으로 작업대나 임시 테이블로 사용되던 구조에서 출발한 형태입니다. 상판을 자유롭게 얹어 사용하는 단순한 구조는 오랜 시간 실용성 면에서 검증받아왔습니다. 보통 나무로 많이 만들어 사용했던 구조입니다. 그 구조의 다리에 아무 상판이나 얹어서 톱질을 하기도 하고, 많은 이들이 작업대로 사용하기도 합니다. GUVS는 이 구조를 현대적으로 재해석해, 분체 도장한 철과 스테인리스 두 가지 버전의 다리로 제작하고 유리 상판과 함께 선보이고 있습니다. 작업대, 식탁, 테이블 등 용도를 한정하지 않고 사용할 수 있으며, 이사를 하더라도 공간에 맞게 다시 조합할 수 있습니다.

자체 제작 가구인 SH 시리즈 테이블.

빈티지 임스 체어.

ONE ORDINARY MANSION
원오디너리맨션

대표 이아영
서울시 강남구 자곡로7길 24
www.oomseoul.com
@oneordinarymansion

원오디너리맨션을 소개해주세요　　　원오디너리맨션은 20세기 오리지널 빈티지 가구를 소개하는 갤러리로, 2016년에 시작되었습니다. 이름이 의미하는 '어느 평범한 집'처럼, 저마다의 개성이 깃든 공간도 결국은 편안한 일상의 배경이 될 수 있기를 바라며 시작됐습니다. 프랑스, 덴마크, 핀란드, 독일, 미국 등 특정한 디자인 사조에 얽매이지 않는 가구, 오래 보아도 질리지 않는 디자인과 아름다운 시간의 흔적을 간직한 가구를 소개합니다. 가치 있는 사물에 대한 안목과 감각, 신중하고 전문성 있는 태도를 바탕으로 가구를 선별하고 제안합니다. 레지던시, 쇼룸, 갤러리, 숙박 공간 기획과 제품 스타일링, 전시와 팝업 스토어 등 여러 가지 프로젝트를 통해 빈티지 가구가 오늘의 삶과 자연스럽게 연결되도록 고민합니다.

자곡동에 위치한
원오디너리맨션 쇼룸.

구니 오만의 하이보드 모델19

벽에 구멍을 내기 어려운 전셋집의 허전한 빈 벽을 감각적으로 채우기가 쉽지 않은데요. 그럴 때는 월 유닛처럼 못이 필요한 제품 대신 하이보드를 추천합니다. 하이보드처럼 키가 큰 가구는 한 점만 두어도 분위기 전환에 효과적입니다. 덴마크 가구 디자이너 구니 오만의 모델 19번 하이보드는 가로 길이 2,000mm의 하이보드로 존재감이 있는 크기이나 동급 제품에 비해 깊이가 얕아, 일반 아파트 거실에도 부담 없이 위치합니다. 수납력이 뛰어나 너저분한 일상 용품을 숨기기도 제격이죠. 섬세하게 카빙된 손잡이와 테이퍼드 레그의 동그란 관절을 접목한 단순하고 직관적인 디자인으로 오래 사용해도 질리지 않습니다.

한스 올센의 다이닝 세트

무겁고 부피가 큰 가구가 부담될 경우 확장형 다이닝 테이블을 추천합니다. 덴마크 디자이너 한스 올센의 다이닝 세트는 간결한 미감과 고급 수종인 티크, 높은 실용성으로 빈티지 다이닝 세트를 대표하는 제품이라고 해도 과언이 아닌데요. 테이블과 체어가 단차 없이 들어맞는 콤팩트한 디자인으로 협소한 다이닝룸에서도 부담 없이 자리합니다. 공간의 경제성에 기반하여 만들어진 디자인임에도 마치 하나의 작품처럼 높은 완성도를 자랑합니다. 평소에는 4인이, 상판을 확장하면 최대 6인까지 착석할 수 있습니다.

PICKLES CLUB

피클스 클럽

대표 남대훈
서울 마포구 연희로 239, 3층
@picklesclub

PICKLES CLUB을 소개해주세요　　여러 사람과 여행 이야기를 나누다 보면, 천국에 가장 가까운 도시로 늘 코펜하겐이 꼽히곤 합니다. 저 역시 처음 느꼈던 그 코펜하겐의 천국 같은 아름다움을 지금도 잊지 못합니다. 빈티지 가구를 소개하기 시작한 이후 계절과 날씨에 상관없이 코펜하겐을 다니다 보니, 그곳의 '천국 같은 순간'은 1년에 길어야 한 달 정도인 백야 시즌뿐이라는 걸 알게 되었습니다. 그 외의 시간은 대부분 비바람과 긴 어둠이 이어집니다. 아마도 북유럽 사람들은 이러한 환경 속에서 집을 더욱 따뜻하게 만들고자 했던 것 같습니다. 공간이 주지 못하는 온기를, 추위를 견디며 자란 나무로 만든 가구에 담아 집 안 구석구석에 채워 넣었던 것이죠. 그래서 지금도 아르텍(Artek)이나 매그너스 올레센(Magnus Olesen) 같은 북유럽 브랜드들이 전 세계적으로 사랑받는 게 아닐까 생각합니다.

피클스 클럽은 이러한 여행과 경험을 통해 일어나는 예상치 못한 아름다움을 찾고 공유합니다. 누군가의 취향이 우리에게 큰 영향이 되기를 바라는 마음으로 피클스 클럽은 계속 여행합니다.

연희동에 위치한 피클스 클럽 쇼룸.

매그너스 올레센 소파

소파는 보통은 부피와 무게 때문에 집에서 한번 자리를 잡으면 움직이기 쉽지 않은데, 올레센의 소파는 부담스럽지 않은 사이즈로 자리를 재배치할 때나, 청소할 때 실용적이지만 소파만의 따뜻하고 편안한 기능성은 놓치지 않고 전달해줍니다. 임팩트가 강하지 않으면서도 집 전체에 따뜻한 안정감을 줍니다.

매그너스 올레센의 암체어

집 한편에 서재나 간단한 작업을 하는 공간이 있다면 편안하게 작업하며 책도 읽을 수 있는 체어입니다. 푹신한 시트와 팔걸이로 소파와 같은 편안함을 주기 때문에 첫 번째로 추천한 소파와 믹스로 매치해 거실에서 함께 사용해도 좋은 아이템입니다. 1인 혹은 2인 가구를 위한 미니멀하고 공간을 따뜻하게 커버할 수 있는 가구입니다. 월세, 전세, 자가를 떠나 '집'이라는 공간만큼은 따뜻해야 한다고 생각합니다. 공간의 형태와 관계없이, 따뜻한 가구가 들어서는 순간 분위기는 완전히 달라지니까요. 모두가 북유럽 가구의 따뜻함을 한 번쯤 경험해보셨으면 합니다.

매그너스 올레센의 암체어.

매그너스 올레센 2인용 소파.

ROUGHGLOSS

러프글로스

대표 김영광
서울 마포구 연희로15길 91-17, 1층
@roughgloss

러프글로스를 소개해주세요   러프글로스는 커피 한 잔의 여유 속에서 빈티지 가구와 오브제를 천천히 마주하고, 마음에 드는 순간을 소장할 수 있는 공간을 지향합니다. 연남동에서 연희동으로 옮겨 여전히 저희의 취향으로 선별한 가구와 소품을 공간에 담아내어, 일상에 잔잔한 영감과 감각적인 쉼을 전하고자 합니다.

연희동에 위치한 러프블로스 쇼룸. 카페를 겸하고 있다.

아르텍 스툴 60

잦은 이사를 거듭하는 삶일수록 가구는 더 가볍고 단순해야 한다고 믿습니다. 공간이 바뀔 때마다 새로 적응하기보다 어느 곳에 놓여도 자연스럽게 스며드는 존재라면 좋겠습니다. 포개어 옮길 수 있는 구조, 의자와 테이블의 경계를 넘나드는 유연한 쓰임새는 일상의 다양한 순간에 오래 머물 수 있게 합니다. 특히 뛰어난 적재성을 지닌 3레그 모델은 이동이 잦은 삶에 가장 실용적인 선택이 됩니다.

아르텍 체어 68

이 의자는 슬림한 비례 속에 단단한 구조를 품고 있습니다. 원형 시트의 인상을 유지하면서도 66모델보다 더욱 견고한 등받이를 갖추었고, 스태킹이 가능해 공간 활용도 역시 뛰어납니다. 주거 환경이 바뀌어도 처음처럼 곁을 지켜주는, 변하지 않는 동반자 같은 가구입니다. 삶의 장면이 바뀌어도, 함께하는 가구만큼은 오래도록 자연스럽게 이어지기를 바랍니다.

아르텍 스툴 60 3레그 모델.

아르텍 체어 68 가죽 마감된 시트 버전.

SAIDA VINTAGE
사이다빈티지

대표 ClaireKim
경기 광주 곤지암읍 광여로 261-16
https://blog.naver.com/
saidavintage
@saida_vintage

SAIDA VINTAGE를 소개해주세요　　경기도 광주 곤지암의 조용한 동네에 자리한 사이다 빈티지 쇼룸은 오래된 가구와 오브제가 편안히 어우러진 공간입니다. 단순한 판매를 넘어 빈티지를 경험하고 감상하며 영감을 얻을 수 있는 장소가 되기를 바라는 마음으로 운영되고 있습니다.

'사이다'라는 이름에는 누구나 편하게 찾을 수 있는 공간이자, 빈티지에 대한 갈증을 시원하게 해소해주고 싶다는 의미가 담겨 있습니다. 빈티지가 어렵고 멀게 느껴지지 않도록 문턱을 낮추고, 더 많은 이들이 일상에서 그 감성을 누릴 수 있도록 하는 것이 사이다 빈티지 추구하는 방향입니다.

사이다빈티지는 자유롭게 가구를 체험하고 가격을 확인할 수 있는 열린 쇼룸을 지향합니다. 북유럽과 서유럽 전역에서 바잉한 상태 좋은 빈티지 가구를 중심으로, 브랜드에 관계 없이 고유한 매력이 살아 있는 제품들을 소개하며 빈티지의 가치를 자연스럽게 전하고자 합니다.

경기도 광주 곤지암에 위치한
사이다빈티지 쇼룸.

데스크

핀란드의 전설적인 건축가이자 디자이너인 알바 알토가 디자인한 이 데스크는 알토 특유의 L-leg 구조와 자작나무 소재가 주는 따뜻한 감성, 그리고 블루 라미네이트 상판의 세련된 조화가 돋보입니다. 1999년 핀란드 시운티오 호텔에 납품되었던 제품으로, 거실 한편이나 침실 옆에 두기 좋은 크기입니다. 공간을 많이 차지하지 않으면서도 작업 면적은 충분해 재택근무나 독서·필기용 데스크로 활용도가 높습니다. 구조와 소재가 단순해 이사 후에도 공간에 쉽게 적응하며, 책상 하나로 집의 분위기를 정돈해주는 중심 가구로 적합합니다.

마이클 방의 홀메가드 에뛰드 램프

덴마크 디자이너 마이클 방이 1970년대에 디자인한 이 조명은 오팔 화이트의 통유리 쉐이드로 제작되어 상당한 무게감을 지니고 있으며, 조명을 켜면 빛이 유리 안에 머물며 퍼지는 듯한 부드러운 확산감이 인상적입니다. 곡선이 자연스럽게 떨어지는 유리 쉐이드는 조명을 켜지 않아도 오브제처럼 존재감을 지니며, 과한 장식 없이 담백한 형태 덕분에 유행을 타지 않습니다.

마이클 방의 펜던트 램프.

알바 알토의 데스크.

Wmansion
더블유맨션

대표 박승만
서울 마포구 연희로 15안길 6-4 1층
https://blog.naver.com/w_
mansion
@_wmansion_/ @vintage_w_

Wmansion을 소개해주세요　　　더블유맨션은 파주에서 시작해 최근까지 성산동 매장에서 북유럽 기반의 빈티지 가구와 조명, 포스터 등의 소품을 수입해 소개해왔습니다. 최근에는 연희동에 위치한 새 공간에서 북유럽 빈티지 테이블웨어, 소품, 오브제를 위주로 다루고 있습니다.

빈티지 가구를 취급하는 과정에 자연스럽게 빈티지 테이블웨어를 접하게 되면서 1960-80년대에 제작했다는 걸 믿을 수 없을 정도로 너무나 매력적인 디자인과 만듦새에 빠져들어 결국 지금은 북유럽 빈티지 테이블웨어 전문 매장으로 변경된 것입니다.

가구 위주의 더블유맨션은 잠시 쉬어가고 지금은 테이블웨어 중심의 빈티지_더블유로 운영하고 있습니다. 입문하시는 분들부터 컬렉터까지 관심을 가지고 지켜보실 수 있는 다양한 아이템들을 갖춰가고 있으며 향후 북유럽 빈티지 테이블웨어 외에도 더 다양한 소품을 소개하는 편집샵을 목표로 열심히 운영 중입니다.

지금은 연희동 매장에서 vintage_w라는 이름으로 테이블웨어와 소품을 판매하고 있다.

성산동 시절의 더블유맨션 쇼룸.

아라비아 핀란드 그릇

북유럽 빈티지 그릇은 단순 테이블웨어를 넘어 단지 놓여있는 그 자체로 인테리어가 되는 하나의 오브제로도 훌륭한 역할을 해내고 있습니다. 특히 아라비아 핀란드 그릇들을 볼 때마다 느껴지는 강렬하고 예상치 못한 컬러 매치가 가진 고유한 매력과 따뜻한 온기는 보는 것만으로도 행복하게 만들어줍니다.

리사 라손 오브제

스웨덴의 세라믹 아티스트 리사 라손의 오브제는 'Made in Sweden'이지만 묘하게 한국 가정에도 잘 어울립니다. 유머러스하면서도 따뜻한 감정이 묻어나는 작은 조형 속에 '동물의 마음'을 담아낸 그녀만의 위트가 느껴지는 작품들. 손바닥에 착 감기는 작은 사이즈가 주는 귀여움은 물론, 현관 선반 위나 책장 한편에 툭 올려두면 문을 열 때마다 "반가워, 어서 와" 하고 반겨주는 듯한 기분이 듭니다. 일상에서 마주치는 순간마다 미소가 번질 거예요.

아라비아 핀란드 등 북유럽 테이블웨어.

리사 리손의 세라믹 오브제.

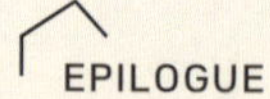

집을 가꾸는 일은 인생을 가꾸는 일

이 책을 마무리할 즈음에 사정상 이사가 있었습니다. 여섯 번째 전셋집에 이르게 된 거지요.

생존을 위해 이동 생활을 하는 유목민처럼 우리는 그렇게 이사를 다닙니다. 내 집 마련에 성공했다고 모두가 정착민이 되는 것도 아니더라고요. 가족이 늘어서, 직장을 옮기면서, 아이의 교육 때문에, 살다 보니 싫어져서, 예기치 못한 상황으로, 투자의 목적으로, 또는 더 좋은 곳으로 옮길 기회나 더 좋지 않은 곳으로 옮겨야 할 위기가 생기면서 누구나 언제든 다시 집을 떠나야 할 수 있습니다.

"그것 봐. 그러니까 인테리어가 무슨 소용이야. 어차피 이사 가면 그만인데…."라는 자조 섞인 이야기를 수도 없이 들었습니다.

반대로, 그렇기 때문에 이사 다닐 때마다 잘 활용할 수 있는 인테리어를 고민하기 시작했습니다. 어쩌면 유목민이라 다양한 환경에서 다양한 모습으로 적응하며 살아갈 수 있는 것처럼 이곳저곳에서 살아보며 여러 가지 모습의 삶을 즐겨보기로 했으니까요.

작은 집에서도 살아보고, 조금 더 큰 집에서도 살아보고, 신혼 때는 자유분방하게, 아이가 생기면 아기자기하고 아늑하게 살아보기도 했습니다. 한동안은 살림을 늘려가는 재미가 있었는데 언제부턴가는 추려가는 재미를 찾아보기도 하고요. 지금은 좀 더 정돈되고 쾌적한 생활을 지향하고 있네요.

생각이 이쯤에 이르자 한 번인 인생, 평생을 한집에서 사는 것도 재미없을 것 같습니다. 시간이 지나고 언젠가 진정한 정착민이 되었을 때 그동안 거쳐온 집들, 그곳에서의 집 꾸밈과 생활을 회상하면 분명 좋은 추억이 될 것 같습니다. 그렇게 쌓아온 경험과 노하우들이 늘어가는 것을 즐기며, 이사 가는 걸 호기심 어린 얼굴로 신나 하는 철없는 아이처럼 오히려 설렐 때도 있었습니다.

여섯 번째 전셋집으로의 이사 후, 원고를 쓰는 와중에도 아쉽다 싶은 부분은 급한 곳부터 조금씩 손보면서 최소한의 정돈만 하며 지내고 있습니다. 이제 최종 원고를 마무리하면 본격적으로 손을 대봐야지요.

특히 주방을 좀 더 쾌적하게 다듬고 싶습니다. 낡은 조명이며 빛바랜 벽타일부터 대충 발라져 있는 실리콘들이 집을 낡아 보이게 하고 있거든요. 분명 조금만 손보면, 살짝 더 욕심을 내보면, 큰 비용이나 수고를 들이지 않고도 지금보다 훨씬 요리할 맛 나는 괜찮은 주방이 될 겁니다. 여태껏 그래왔듯이요. 방치된 곳, 집에서 제일 눈에 거슬리는 곳에서 숨어있는 가능성을 찾아내 하나하나 손보고 애정으로 가꿔가면 어느새 해사한 모습으로 변하곤 했으니까요.

급한 대로 정리해 살고 있는 여섯 번째 전셋집. 앞선 집들과 크게 다르지 않은 구축아파트이다. 또 어떻게 변화를 줄 수 있을까… 째려보고 있는 중.

이 책은 그런 과정과 그 과정이 쌓은 시간을 담은 책입니다. 첫 번째 전셋집에서 시작해 이 책에 소개한 다섯 개 전셋집을 거쳐 어느덧 여섯 번째 전셋집에 이르기까지. 그리고 와이프가 운영했던 카페와 스튜디오 등의 상공간까지. 언젠가는 정리되고 사라지겠지만 현재의 시간을 따뜻하게 담아낼 수 있는 장소에 대한 고민의 과정과 결과. 때론 그 결과가 또 다른 시간과 장소에서 새로운 과정이 되어 생명력을 이어나가는 이야기를 담고 싶었습니다.

거창하게 들릴 수 있겠지만 우리의 인생과 닮아있는 이야기라고 생각합니다. 어딘가에서 태어나 성장해 진학을 하고 사회에 나와 가정을 꾸리고 몇 개의 일터를 전전하다가 언젠가 은퇴하고 생을 정리하는 그 순간까지…. 처음부터 주어진 인연에 새로운 인연을 더해가며 어떤 인연은 정리되고 또 어떤 인연은 계속하여 이어지는 것처럼, 한 사람의 인생 혹은 한 가족의 역사는 가장 찬란했던 한 장면으로 설명되기보다는 수많은 장면과 인연이 영향을 주고받으며 어떻게 살아왔는지 가늠할 수 있게 되는 것이니까요. 인테리어 역시 언젠가 큰돈 들여 한 번에 짜짠~ 하고 끝내는 것이 아닌 평생 주변을 가다듬는 과정이 아닐까요.

우리가 건물을 만들지만, 그 건물이 다시 우리를 만든다.
We shape our buildings, thereafter they shape us.

윈스턴 처칠의 말처럼 좋은 환경은 그곳에서 생활하는 사람을 바꾼다고 합니다. 원고를 마치며, 어설프나마 공간을 가꿔온 저의 이야기가 단순한 '하우투(How to)'가 아닌 동기부여가 되어 여러분의 집이 아주 조금씩만 더 아름다워져서 세상도 아주 조금씩 아름다워졌으면 하는 큰 욕심도 함께 담아봅니다.

끝으로, 오랜 시간 남편을 따뜻하게 바라봐주고 때론 따갑게 채찍질해준(아얏!), 우리 집 최고 미모인 와이프와 이젠 해맑은 미소보다는 조소를 더 날려주지만 그래도 웃어주는 게 어디냐 싶은 우리 집 최고 매력인 딸에게 새삼 사랑과 감사를 전합니다. 그리고 이번엔 제 자신도 칭찬해주고 싶네요. 18년의 기록을 정리하는 동안 스스로가 징글징글대견하다는 생각이 들었습니다.

"김반장, 고생했고,
여섯 번째 전셋집도 잘 부탁해~."
헛헛~

전셋집에 삽니다

초판 1쇄 발행 2026년 3월 30일

지은이 김동현

주간 이동은
편집 김주현 박현주
마케팅 장기석 성스레
제작 전우석 박장혁

발행처 북커스
발행인 정의선
마케팅 이사 사공성
이사 전수현

출판등록 2018년 5월 16일 제406-2018-000054호
주소 서울시 종로구 평창30길 10
전화 02-394-5981~2(편집) 031-955-6980(마케팅)
팩스 031-955-6988

ISBN 979-11-90118-30-9 (13590)

• 값은 뒤표지에 있습니다.
• 파본이나 잘못된 책은 구입하신 서점에서 교환해 드립니다.